图1　意大利费尔莫省（FM）蒙泰吉尔贝托（Monte Giberto）用于制作面包的小麦演化种群（萨尔瓦多·塞克莱利　供图）

图2　伊朗菲鲁萨巴德（Firozabad）用于制作面包的小麦演化种群（CENESTA　供图）

图3　约旦巴鲁（Maru）用于制作面包的小麦演化种群（萨尔瓦多·塞克莱利　供图）

图 4　两种用硬粒小麦演化种群制作的意大利面和一包用面包小麦演化种群加工成的面粉（萨尔瓦多·塞克莱利　供图）

图 5　叙利亚农户在田间选种（萨尔瓦多·塞克莱利　供图）

图 6　叙利亚德拉市（Deraa）拉赫塔（Laheta）农村妇女参与品种筛选
活动时在田间驻足（亚历山德拉·伽利耶　供图）

图 7　穆斯塔法博士在约旦与当地农户交流（萨尔瓦多·塞克莱利　供图）

图 8 对马里的 5 个高粱品种重复 3 次感官评价测试以反映品种特性（克里斯塔·伊萨克斯 供图）

图 9 马里马格南布古（Magnambougou）农户参加高粱品种评估（伊娃·魏茨恩 供图）

图 10 马里萨曼科（Samanko）农户评选出最受欢迎的高粱植株（伊娃·魏茨恩 供图）

图 11　参与式作物改良的核心机制——农民田间学校（罗尼·魏努力　供图）

图 12　津巴布韦奇穆科科（Chimukoko）
农民田间学校开展的珍珠粟改良
试验（罗尼·魏努力　供图）

洪都拉斯的参与式育种

图 13 洪都拉斯农业参与式研究基金会梅里达·巴拉霍纳（右）和 Pueblo Viejo 地方农业研究小组加比纳·埃雷拉（左）考察大豆试验田（马文·戈麦兹 供图）

尼泊尔的参与式作物改良

图 14 卡乔瓦 4 号（Kachorwa 4）水稻品种（潘泰巴尔·施莱萨 供图）

图 15　尼泊尔农户收集黍子品种试验的数据（潘泰巴尔·施莱萨　供图）

图 16　尼泊尔农户在田间观察黍子品种（艾普莎　供图）

图 17　不丹萨姆塞的参与式水稻品种筛选（SEARICE　供图）

图 18　老挝万象农民田间学校协作者在培训期间演示水稻去雄（SEARICE　供图）

图 19　上古拉屯概貌（农民种子网络　供图）

图 20　上古拉屯参与式选育种试验田间交流活动（农民种子网络　供图）

图 21　上古拉屯玉米选育种试验现场评估（农民种子网络　供图）

图 22　上古拉屯妇女合作开展生态蔬菜种植（农民种子网络　供图）

图 23　石头城村概貌（农民种子网络　供图）

图 24　育种家在石头城村的田间地头实地指导农户（农民种子网络　供图）

图 25　石头城村的社区种子银行（王彤　供图）

图 26　金沙江流域纳西族农户交流玉米选育种经验（农民种子网络　供图）

图 27　元阳哈尼梯田社区生物多样性日展示活动（王云月团队　供图）

图 28　哈尼族农户展示水稻地方品种的性状（王云月团队　供图）

图 29　哈尼族农户参与田间选种（王云月团队　供图）

图 30　哈尼梯田社区种子银行收集的不同水稻农家种在田间展示与繁种
　　　（王云月团队　供图）

图 31　在广西壮族自治区农业科学院水稻研究所试验田进行抗旱育种
　　　　材料的自然筛选（陈传华　供图）

图 32　凤山那莫水稻抗旱知识培训（陈传华　供图）

图 33　广西壮族自治区农业科学院水稻研究所技术人员在凤山那莫
　　　　现场培训提纯复壮技术（陈传华　供图）

图 34　凤山那莫水稻抗旱品系筛选试验（陈传华　供图）

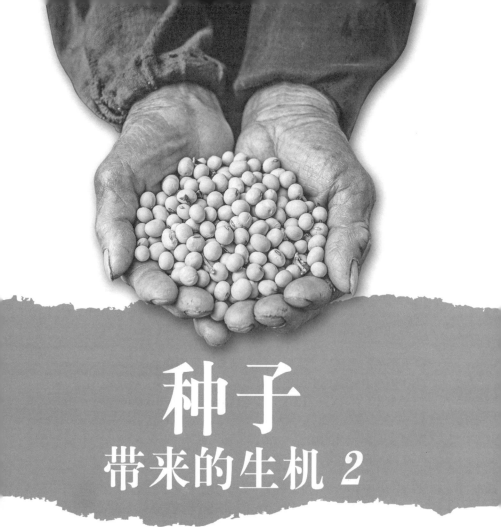

种子
带来的生机 2

参与式选育种与乡村振兴

宋一青 [荷]罗尼·魏努力 —— 主 编

覃兰秋 张林秀 —— 副主编

中国农业出版社
北 京

图书在版编目（CIP）数据

种子带来的生机. 2，参与式选育种与乡村振兴 / 宋一青，（荷）罗尼·魏努力主编. —北京：中国农业出版社，2023.2

ISBN 978-7-109-29950-4

Ⅰ. ①种… Ⅱ. ①宋… ②罗… Ⅲ. ①植物育种 Ⅳ. ①S33

中国版本图书馆 CIP 数据核字（2022）第 163223 号

种子带来的生机 2　参与式选育种与乡村振兴
ZHONGZI DAILAI DE SHENGJI 2
CANYUSHI XUANYUZHONG YU XIANGCUN ZHENXING

中国农业出版社出版
地址：北京市朝阳区麦子店街 18 号楼
邮编：100125
责任编辑：孙鸣凤
责任校对：吴丽婷
印刷：中农印务有限公司
版次：2023 年 2 月第 1 版
印次：2023 年 2 月北京第 1 次印刷
发行：新华书店北京发行所
开本：880mm×1230mm　1/32
印张：7　插页：8
字数：180 千字
定价：78.00 元

本书著者

主　编

宋一青　　　　　　　　　联合国环境规划署-国际生态系统管理伙伴计划（UNEP - IEMP）农民种子网络

[荷兰] 罗尼·魏努力　　　国际生物多样性中心

副主编

覃兰秋　　　　　　　　　广西壮族自治区农业科学院

张林秀　　　　　　　　　联合国环境规划署-国际生态系统管理伙伴计划（UNEP - IEMP）

成　员

杨永平　　　　　　　　　　　　中国科学院西双版纳热带植物园

[意大利] 萨尔瓦多·塞克莱利　独立顾问

[奥地利] 亚历山德拉·伽利耶　国际牲畜研究所

[意大利] 斯蒂法尼亚·格兰多　独立顾问

[美国/德国] 伊娃·魏茨恩　　　美国威斯康星大学

[美国/德国] 弗莱德·拉通德　　美国威斯康星大学

[马里] 马姆罗·西德比　　　　国际半干旱热带地区作物研究所（ICRISAT）

[法国] 科斯滕·冯·布洛克　　法国国际农业发展研究中心（CIRAD）

[马里] 阿卜杜拉耶·迪亚洛　　马里农村经济研究所

［德国］贝蒂娜·豪斯曼　　　　　德国霍恩海姆大学

［马里］博卡·迪亚洛　　　　　　马里农村经济研究所

［塞内加尔］巴罗·奈比　　　　　国际半干旱热带地区作物研究
　　　　　　　　　　　　　　　所（ICRISAT）

［马里］阿布巴卡尔·图雷　　　　国际半干旱热带地区作物研究
　　　　　　　　　　　　　　　所（ICRISAT）

［德国］ 安佳·克里斯廷克 　　　德国种子变革研究与传播机构

［津巴布韦］希尔顿·姆波齐　　　津巴布韦社区技术发展信托基
　　　　　　　　　　　　　　　金（CTDO）

［津巴布韦］约瑟夫·穆松加　　　津巴布韦社区技术发展信托基
　　　　　　　　　　　　　　　金（CTDO）

［津巴布韦］帕特里克·卡萨萨　　津巴布韦社区技术发展信托基
　　　　　　　　　　　　　　　金（CTDO）

［洪都拉斯］马文·戈麦兹　　　　洪都拉斯国立自治大学

［洪都拉斯］胡安·卡洛斯·洛萨斯　洪都拉斯泛美农业学校

［加拿大］萨莉·汉弗莱　　　　　加拿大圭尔夫大学

［洪都拉斯］何塞·吉门内斯　　　洪都拉斯国立自治大学

［洪都拉斯］保拉·奥雷拉纳　　　洪都拉斯国立自治大学

［洪都拉斯］卡洛斯·阿维拉　　　洪都拉斯国立自治大学

［洪都拉斯］梅里达·巴拉霍纳　　洪都拉斯国立自治大学

［洪都拉斯］弗莱迪·塞拉　　　　洪都拉斯国立自治大学

［尼泊尔］潘泰巴尔·施莱萨　　　尼泊尔地方生物多样性研究与
　　　　　　　　　　　　　　　发展计划组织（LI - BIRD）

［菲律宾］诺米塔·伊格纳西奥　　菲律宾东南亚区域社区赋权倡
　　　　　　　　　　　　　　　议组织（SEARICE）

［菲律宾］诺曼达·纳鲁兹　　　　菲律宾东南亚区域社区赋权倡
　　　　　　　　　　　　　　　议组织（SEARICE）

黄开建　　　　　　　　　　　　广西壮族自治区农业科学院

田秘林	农民种子网络
宋鑫	农民种子网络
李管奇	农民种子网络
梁海梅	农民种子网络
庄淯棻	农民种子网络
张艳艳	联合国环境规划署-国际生态系统管理伙伴计划（UNEP－IEMP）农民种子网络
王云月	云南农业大学
陆春明	云南农业大学
韩光煜	云南农业大学
朱怡凡	云南农业大学
姜波	云南农业大学
黄玲	云南农业大学
王红崧	云南农业大学
李享	云南农业大学
陈传华	广西壮族自治区农业科学院

序

小种子大故事：参与式作物选育种实践的启示

《种子带来的生机2 参与式选育种与乡村振兴》是加拿大国际发展研究中心（International Development Research Centre，IDRC）于 2003 年出版的《种子带来的生机：参与式植物育种》的续集。IDRC 长期致力于资助有关机构在世界范围内开展参与式作物改良实践，为系统总结各地参与式作物改良的成就、问题、政策瓶颈与建议等相关内容，正式印刷出版了《种子带来的生机：参与式植物育种》。白驹过隙，近 20 年过去了，参与式植物育种有何新的发展？为此，罗尼·魏努力博士和宋一青博士找到许多早年的作者，邀请他们把近 20 年来参与式作物选育种的实践和思考再次进行分析归纳，同时也邀请许多参与中国案例研究的同仁加入本书编撰，对中国开展参与式作物选育种工作的情况做了系统的回顾和展望，并且沿用《种子带来的生机》第一版的框架，取名《种子带来的生机 2 参与式选育种与乡村振兴》，算是"旧瓶装新酒"！

本书分绪论、上篇、下篇、结束语四个部分，其中绪论和

1

结束语由罗尼·魏努力博士和宋一青博士撰写，介绍了编写本书的缘起，以及近20年来参与式作物选育种的新变化、新趋势和新特点。上篇是来自国外的7个案例研究，对非洲、南美以及南亚、东南亚国家的参与式作物选育种案例进行分析。下篇讲述的5个中国案例，主要是对宋一青博士及其团队在西南地区开展社区种子保育、社区种子库建设以及农民参与式选育种的案例进行分析。本书篇幅不大，内容却非常丰富，希望对所有从事农业生物多样性保护、参与式作物选种育种以及社区发展的人有一定的启发和帮助。

种子乃农业之本，种子质量是天大的事。与我年纪相仿的国人可能都记得"农业八字宪法"，即农业生产过程要特别关注土、肥、水、种、密、保、管、工8个关键环节，其中"种"是指作物种子或用于繁殖的活体植物。新闻媒体时有报道一些"坑农"事件——农民因为购买了假冒伪劣的种子而致庄稼减产或歉收。好儿要好娘，好种多打粮。不言而喻，种子质量是农民最关心的事情，保障优质种子的供给也就成为世界各国及各级政府最为关注的事情。我国于2022年3月1日起施行修订后的《中华人民共和国种子法》，其要义之一就是加强种子执法和监管，保护农民利益，惩处侵害农民利益的违法行为。

现如今，即使是在我国偏远地区的乡镇，都有种子销售门市，来自天南地北、经营证照齐全、高产高抗的作物和果蔬种子应有尽有，却有农民抱怨买不到心仪的种子。殊不知，农民选择种子的标准远比"高产高抗"要复杂得多，他们常常会根据农时、地块、劳动力、投入和灌溉条件等诸多因素进行综合判断后选择种子。20世纪90年代末，我到云南一个彝族社区做田野调查，发现当地有7个土豆和4个荞麦农家品种，其中1个土豆品种产量不高且口味非常一般，农民保留这个品种是因为其生长期最短，可作为"救荒土豆"；有个荞麦品种尽管产量最低，但因果实有比较长的锐棱，被鸟偷吃的情况最少，被农民誉为"鸟吃不了的荞麦"。由此可见，农民选种的标准远不限于高产、高品质或高抗等作物农艺性状。随着越来越多的壮劳力进城务工，农村从事种植的主要是妇女和老人，劳动力不足是个不争的事实。在许多边远山区，农业基础设施落后、资金投入有限，加之各种极端气候事件频发，在上述诸多限制条件下，农民要挑选到适合的作物种子绝非一件简单的事情。因此，农民参与式作物选育种不失为一条解决问题的路径。广西上古拉屯和云南石头城村农民选育玉米品种的案例也证明，参与式作物选育种不仅可行而且深受农民欢迎。

但与此同时，农民参与式作物选育种难以进入市场化运作，参与者获益难以保障。《中华人民共和国种子法》第三十七条规定：农民个人自繁自用的常规种子有剩余的，可以在当地集贸市场上出售、串换，不需要办理种子生产经营许可证。这一条款的司法解释是："农民个人"应理解为限于自己承包的责任田，对流转耕地的大户、家庭农场和种子生产经营者应当予以禁止。所谓"有剩余的"即剩余的量不应超过自用的种子，"在当地集贸市场上出售、串换"规定不能超出本村或本乡镇的范围。总之，农民销售剩余的种子不能损害或侵犯他人的合法权益，否则将依法予以处理。从广西和云南的案例可以看出，通过农民合作社等形式开展作物新品种选育，只能限于农户自用，进入市场流通还有许多政策壁垒，农户想通过出售新品种获利就更难了。

纵观国内外的案例研究，种子的故事远远超越种子本身。以我国为例，宋一青博士及其团队在过去近 20 年间，在全国 10 个省建立了 25 个以上的社区种子库，协助农户开展本土作物种质资源的收集、评价和保藏，这是非常了不起的成绩。社区种子库无疑是国家和区域官方种质资源库的重要补充，甚至国家种子库成为社区种子库的备份库。记得有人说过，人类文明的历史长河中，最早的作物育种家当属农民而不是训练有素的育种科学家，许多作物的早期驯化和优良品种的选育都是由土生土长的农民完成的。国内外的案例都证明，拥有丰富传统知识的农民与精通遗传和表型的现代育种家的合作是非常成功的，他们互学互鉴、取长补短、相得益彰。在广西壮族自治区农业科学院玉米研究所和中国农业科学院玉米育种家的帮助下，广西上古拉屯的 10 名农户在陆荣艳的带领下组成参与式玉米育种小组，先后选育了 10 个适应当地气候环境种植的玉米品种。2013 年，上古拉屯的农民把桂糯 2006 及两个亲本分享给了云南丽江石头城村的农民。通过参与式种植、鉴定和评估，玉米桂糯 2006 从此在石头城村落地生根。许多案例还表明，参与式选育种不仅为当地社区带来高质量的作物品种，增加了农户收入，还带来了许多其他社会成果和政策影响。中国西南地区的实践促进了社区多功能合作社的成立，广大妇女能力提升并成为农业能手、育种家和种子企业经营家；推动成立了全国性平台组织——农民种子网络，支持社区种子保育和相关科学、政策信息的传播。上古拉屯的参与式玉米品种选育活动催生了当地社区种子的展示交流、农民文化剧团的成立、社区发展基金的设立和生态种养专业合作社的运行，同时提升了妇女能力和自信心。因此，我们深信，这些来自基层社区的农民主体作用和首创精神，必将会在未来的乡村振兴伟大实践中发挥越来越重要的作用。小小种子，将带来可预期、可持续的勃勃生机！

中国科学院西双版纳热带植物园

主任、研究员　杨永平

2022 年 4 月

目录

下篇　中国案例

回望新方法：参与式作物改良和具有恢复力的种子系统

□ 罗尼·魏努力　宋一青

1　压力下的农民种子实践

你是否想过发展中国家的农民是如何获得种子的？可能你认为他们从政府管理与调节的"正规种子系统"购买获得认证的种子，但现实不是这样的。据估计，发展中国家的小农所依赖的种子有60%～90%保存在农田里，或者通过当地的销售渠道获得，如农民之间的交流、社区共享系统和当地市场。妇女在包括留种实践的农民种子系统中发挥着关键作用，但她们往往被研究人员和关于能力建设与政策的发展类项目所忽视。

遗憾的是，几乎所有的本地种子实践都遭受了压力。城市化、农业集约化以及自然资源的商品化和私有化，都削弱了本地种子的以农民为基础的个人和集体管理。农民在种子店或农贸市场可以轻易买到的杂交品种取代了本地品种，尽管种子价格很高。传统的种子交换关系，在许多地区已变得薄弱，甚至在一些国家新修订的种子政策或法律中，本地品种的保留和分发被定性为犯罪行为。研究显示，农民和社区保存、生产、交换和销售种子的合法操作空间正在缩小，农民分享、分发种子的行为会被定罪（Herper, et al.，2017；Vernooy，2017）。只有在玻利维亚、埃塞俄比亚、尼泊尔和乌干达等少数国家，以农民为中心的种子生产和交换得到了更多的认可和支持。

农民在生产和获取种子时面临的主要挑战之一是难以获得优质的种子。农民自留种的质量控制主要体现在社会关系内在的信任机制，而其他社会成员对种子质量的把控往往受制于外部强加的书面规则和规章制度。然而，现实中质量控制到底如何是个有待讨论的问题。在许多农村社区，不良的储存方式和设施影响了种子质量。各地农民都在抱怨假种子的销售，例如将粮食作为种子出售，或者将未经认证的劣质种子作为改良后的种子出售。假种子对产量和农民收入造成直接的负面影响。

2　获取作物多样性的挑战

另一个重大挑战是，在许多国家，由于种子供应系统不发达或支持不力，农民很难获得他们感兴趣的新品种。农民往往不知道他们可以在自己的农场种植哪些其他的作物或品种，没有机会或很难获得新的和改良的作物多样性。许多农民及其所在社区，特别是那些边远地区的农民和社区，仅依靠雨水灌溉、耕种，很难从育种家的努力中受益。虽然常规育种研究有助于大幅提高产量，但主要集中在高投入农业模式的地区。获得生产投入或贷款机会有限的小农，往往在边远地区和多变的气候条件下依靠雨水灌溉、耕作，受益甚微。特别是在非洲和拉丁美洲，即使是能够获得改良品种的农民，往往在几年后就停止种植，因为种子不能满足当地生产系统的需要。

农民往往与科学家或育种家有不同的优先考虑。为了确定对农民最有用——家庭消费、销售、文化、饲料或这些用途的组合——的品种，需要考虑到当地的具体情况，而不仅仅是生产率等纯粹的农艺性状。这些性状可能包括烹饪质量、销售潜力或用于饲料的秸秆质量，具有高度的当地特色和文化属性。此外，以往的经验表明，并非所有农民都有相同的需求、兴趣和偏好。对于哪些性状或特征是重要的，妇女往往与男性不同。妇女往往对不同的作物和品种的组合感兴趣，如需要较少的劳动投入、易于运输、保质期较长、营养成分较高的作物。年轻的农民可能与年长的农民又有不同的看法，例如，由于受教育水平较高，年轻农民更多地受到社区外的影响。

上述障碍严重阻碍了农民适应气候变化的努力。气候变化已开始对农民的种子和粮食生产系统，以及系统能够发挥的多种功能造成额外的压力。未来，气候变化的影响将在世界许多地方变得更加明显，迫使农民改变他们现有的做法，寻找更加适应新的气候动态的作物和品种信息，因此获得优质种子，将变得尤为重要。

□ 3 迈向具有恢复力的种子系统

农民必须继续独自或集体地维持作物多样性。在扶持政策和社会经济条件下，种子生产和分配实践的多样性构成了一个具有恢复力的种子系统。一个具有恢复力的种子系统有助于提高全年的粮食供应，生产健康和更有营养的作物，增加农户收入，建立可以持续利用的资源库。这些成果加在一起将有助于建立更健康的食物系统。具有恢复力的种子系统应是性别敏感的，促进性别平等，支持妇女的能动性，支持她们具备成功管理农田并获得所需资源（包括种子）的能力。

具备恢复力的种子系统具有以下特征（Subedi，Vernooy，2019）：

- 依赖于种子系统中行动者吸纳扰动和重新组织的能力，能够适应气候扰动造成的压力和变化；
- 是种子和知识的多元互动和行动者、机构持续学习产生的结果；
- 由需求驱动，并对不同种子使用者和农业系统的差异化需求和利益做出反应；
- 承认、尊重和支持妇女作为种子守护者、管理者、联络员和经营者等角色所发挥的重要作用。

以下措施可以降低种子系统的脆弱性：

- 确保农民在需要时以负担得起的价格获得种子；

- 确保生产和销售时有可用的种子；
- 保证种子具备适应性、安全和长效等品质；
- 保证种子具有丰富的多样性可供选择；
- 种植能够支持健康饮食的作物；
- 承认和尊重种子承载社会资本和精神信仰的作用。

综合性的恢复力策略的核心要素包括（Subedi，Vernooy，2019）：

- 采用更具智慧应对气候变化的方法；
- 识别最佳的资源组合方式；
- 新颖而高效的分配方式；
- 创新商业模式和价值链；
- 提升农民的能力；
- 国际和国家政策的执行情况。

最终，农民应受益于适合当地条件的安全、多样化的优质种子供应，这些种子有助于提高饮食健康、更可持续的生计和适应气候变化的能力。种子应附带有用和及时的信息，例如品种的营养价值、抗旱能力和推荐的管理实践。

4　参与式品种选择

在成功的参与式品种选择（Participatory Variety Selection，PVS）中，有组织的农民团体（通常由男女混合组成，但有时只有妇女或年轻农民）在团体中一个或多个农民自愿

5

提供的一块或多块土地上试验种植一些有前途的品种或固定品系。换句话说，试验是在真实的农业生态条件的目标环境中展开的。农民与协作者一起，根据他们认为的最重要的性状评估品种，并保留最好的材料以便在下一季再次种植。农民团体可以凭直觉选择符合当地需求和偏好的品种，而放弃育种站或政府推荐的品种。

参与式品种选择包含以下 5 个步骤：

1）需求评估：确定农民喜欢的特征组合；

2）寻找具有所需特征的种质资源；

3）小规模田间试验：将新引进的品种或固定品系与当地品种比较；

4）更广泛地推广成功品种或固定品系；

5）监测进一步扩散和适应的可能性。

20 世纪 90 年代以来，参与式选种一直被运用，已成为许多育种项目和农村发展项目的主流实践。农民参与选育活动的程度包括：田间日在几个预发布品种中目测选择；在整个生长季中选择排序；从更大的原始材料库中选择；培育大批量品种并在田间筛选；生产和销售有潜力的育种材料。

在参与程度较低的一端，育种站的研究人员向农民介绍预先选定的、处于生理成熟期的改良品种。通常，在田间日期间，受到邀请的农民会选择 1 个喜欢种植的品种，然后带回少量的种子在农场试验。在更多的参与式方法中，农民在整个过程中做出关键决定，通常是在与研究人员密切协商的情况下做出，这使农民能够考虑到在田间日未展示的一些品质，如抗风、耐旱、耐涝、杂草发病率以及劳动投入等。

经过参与式选种筛选出的品种往往具有较高的采用率，在田间种植的可持续性也比较高；因为这些品种对细微环境的具体要求做出反应，而常规发布的品种往往不能做出这样的反应。因此，参与式选种特别适合小农或脆弱的旱作地区农民种植的粮食作物，如豆类、玉米、小麦、大麦、水稻、高粱。

5　创新参与式选种：　按需供种

"按需供种"（Seeds for Needs）是一种创新的参与式作物改良方法，由国际生物多样性研究中心与国际热带农业中心联盟的研究团队开发，利用众包（crowdsourcing）的方式测试需求导向的作物多样性。众包是全球科学家和公司用来从大量志愿者而不是少数研究人员那里收集数据的方法，完善的众包项目包括：成千上万的观鸟爱好者定期为全国鸟类迁徙调查做出贡献，或者公众为附近的水体质量分类。众包可以完成许多高度专业化的研究人员无法完成的任务，因为参与者的地理分布广泛，人数众多且可以投入大量时间。

作物新品种的众包式田间试验意味着许多农民可以开展小规模试验，而不是由一个研究站开展一次大规模的试验。农民使用三位比较技术测试品种。他们会收到装有 3 个不同品种的种子包，并按不同的性状将其排列为最佳、中间和最差。每个种子包都包含不同的品种组合。研究人员整合、分析所有试验数据。这为在不同的气候区域、土壤类型、管理制度下测试有前景的育种材料提供了可能，最重要的是，这是大量农民在真实生产条件下所做的试验（Bessette，2018）。然而，众包需要特别准备，以激励足够多的志愿者投入进来并确保数据质量。三位比较技术已经证明，不同品种在大面积地区的不同生长条件下的适应性差异（Van Etten，et al.，2018），农民正在采用适应性更好的品种。南亚、东非（如荷兰政府支持的埃塞俄比亚综合种子部门发展项目）和中美洲的一些大的项目计划都采用了这一技术。

三位比较技术应用程序 Tricot

雅各布·冯·伊登

现在可以利用众包这种公众科学方法获得农民对作物育种成果和田间表现的反馈，三位比较技术（简称三位法 triadic comparisons of technologies，Tricot）帮助实现了这一点。这种方法将简单的农民参与式评估格式与互联网和手机等数字媒体结合在一起（van Etten，et al.，2016），可以调动农民利用自己的时间和资源积极参与作物试验（Beza，et al.，2017），有利于降低品种试验过程中每个数据点的成本，让很多农民通过接触新育种材料而产生需求，同时避免了在研究人员（而非农民）密切管理的农田评估中存在的潜在偏差、缺乏外部有效性或问责问题。

三位法对农民有激励作用（Beza，et al.，2017）。数据的准确性已被证明可以支持统计学上的稳健分析（Steinke，et al.，2017）。三位法试验覆盖了目标环境中耕作系统的变异性，并为分析农田里实际发生的基因型与环境的复杂相互作用提供了支持（van Etten，et al.，2019）。此外，三位法还有助于产生推荐的品种，允许通过品种组合管理风险并提高品种表现（Fadda，van Etten，2018；van Etten，2019）。由于这种方法是基于个体而非群体，它可以细致调查由性别和其他社会因素驱动的个体对性状的偏好差异。

加工商和消费者也在使用这种方法。一项合作计划正在准备协议之中，以便能在 2019 年将三位法应用于克隆繁殖的作物，同时也在探索如何将三位法整合到基因组选择。2019 年，国际生物多样性中心推出了 ClimMob 的稳定版，这个数字平台为研究人员提供整个试验过程的支持，从试验设计、数据收集到自动生成报告。这个方法现已就位，供各国研究组织广泛部署，使他们能够以更有效和高效的方式组织农田试验，并从中吸取更多的见解，运用于品种培育、发布和传播。进一步可创新之处包括：

- 与传感器网络和改进的环境数据相结合（Davids，et al.，2019）；
- 将三位法纳入现代育种，包括基因组选择；
- 提高数据管理效率（数据标准化、本体论）；
- 更精炼的性别和社会经济分析；
- 与种子公司合作，针对设计和支持当地企业发展做出创新；

- 试行不同的议程设置方式，与农民、农民组织、当地种子企业合作。

6　参与式育种

参与式作物改良是为了应对传统育种方法的缺陷而出现的。它所依据的原则是，农民作为平等的伙伴与农业科学家一起参与，公平分享他们的知识、专长和种子。这种合作的结果不仅包括更有效的作物改良实践，还包括提升农民的试验、学习和适应能力。参与式作物改良出现于 20 世纪 90 年代初，包括参与式品种选择（PVS）和参与式育种（Participatory Plant Breeding，PPB），由古巴、中国、哥伦比亚、洪都拉斯、印度、尼泊尔、尼加拉瓜、马里、尼日尔、菲律宾和叙利亚等不同国家的研究人员开展试点。它被称为一种保护农业多样性、改良作物并为所有人生产优质食物的农业研究和发展方法（加拿大国际发展研究中心，2003）。

与参与式选种一样，参与式育种也是基于这样一种认识，即条件不利的小农户从正规作物研究中获益甚微。在参与式育种中，农民和育种家在目标环境中分离材料，共同选择、栽培品种。参与式育种比参与式选种更困难，因为农民需要拥有一定程度的遗传学知识。

官方或正式发布的品种往往是为大面积农业生态区的高投入耕作模式设计的。相比之下，小农所处的微观区域中占主导地位的是特定的环境条件。换句话说，传统育种没有考虑到小农户的局限、需求和偏好。为了培育出符合小农户具体要求的品种，与参与式品种选择试验相比，生产者在参与式育种试验中更早地参与进来。在参与式育种中，农民设定育种目标，选择亲本材料，他们会接受如何识别和选择亲本、制作杂交、管理品种试验的培训；专业研究人员和育种人员在这一过程中充当协作者；其指导思想是农民在育种项目中的决策权越大，育种结果就越具备适应性，也越有用。

参与式育种依靠研究人员和农民之间的持久联系，并寻找"农民守护者"或当地农民专家。"农民守护者"或当地农民专家可以接受育种技术的进一步培训，在农场里保护品种多样性，并作为科学界与农民之间的联络人。世界各地的经验表明，农民能够区分非常多的作物品系，做出至少与研究人员一样有效的选择。此外，学习过程和获得新品种的机会，可以刺激和鼓励农民进一步开展田间试验，通过选择，不断调整品种，以适应环境条件。一项当地的或区域性的参与式育种计划可以在整个流程将农民纳入进来，前提是在为期数年的试验中可以获得一些技术和资金支持。

参与式育种没有通用的路线图。参与式育种在非常不同的环境和条件下是可行的，可以产生短期、长期的成果，包括社会和生态恢复力（Lammerts van Bueren, et al., 2018）。尽管适应当地条件和能力水平的种子系统的创建需要激励和创造力，但却可以带来非常有益的成果。各国的成功经验采取了非常不同的路径（Cecarrelli, et al., 2000；Halewood, et al.,

2007；Witcombe, et al.，1996；Vernooy，2003），但他们都承认：

- 自上而下的育种方法给小规模农户带来的收益有限；
- 农民能够参与育种计划的各个阶段并承担相应的责任；
- 参与式、分散式的方法有可能带来更有效的结果，比如品种适应当地的环境和经济条件，产量较高，为社会接受。

7　回顾 《种子带来的生机》

加拿大国际发展研究中心（IDRC）支持发展参与式作物改良。为促进农业生物多样性和参与式育种项目提供 10 年的支持之后，加拿大国际发展研究中心于 2003 年出版了《种子带来的生机：参与式植物育种》（Vernooy，2003；首次以英文、法文和西班牙文出版，后来被翻译成阿拉伯文、中文、尼泊尔文和越南文）。该书全面回顾了 1990—2000 年世界各地参与式作物改良的成就和挑战，详细研究了研究问题、田间研究的设计到农民、育种家的权利等关键问题。该书主张制定新的参与式作物改良扶持政策和法律，还向参与农业研究和发展的政府和社会组织提出了一些建议。书中讲述的 6 个项目故事，说明了农民和育种家如何在从安第斯山脉到喜马拉雅山脉的偏远地区共同工作。最后，十分重要的是，该书对参与式育种的未来 10 年做了预测。

·推荐阅读
对参与式育种未来 10 年的展望(Vernooy, 2003)

提高政策关联度。农业政策制定者和决策机构正积极努力地参与保护生物多样性，因此，保护农业生物多样性的重要性已被广泛接受。参与式育种已被接受为改良作物和增加植物遗传多样性的一种新的方式，同样重要的是，参与式育种也被接受为一种新的研究方式。

建立新的伙伴关系。在参与式育种被接纳为新的育种标准的情况下，以社区为基础的本地农业生物多样性保护和改良活动自然要与国际、国内政策层面的变化联系起来。因此，社区有机会贡献于全球制度安排，如《生物多样性公约》《粮食与农业植物遗传资源国际条约》和世界贸易组织关于知识产权贸易相关方面的协议。

高水平的互动与合作。研究人员、推广人员和农民，以及其他利益相关者（如加工商和贸易商），可以并肩工作。他们都在更好地利用研究人员作为获取知识（从育种原则和方法到种子和技术，再到社会科学的见解）的途径。由于态度的改变，伦理问题和知识产权已成为研究和政策议程的一种标准和重要组成部分，并从一开始就必须讨论。许多以前被忽视的问题现在都被提出来并加以解决。这些问题包括事先知情同意，事先明确界定的获取和惠益分享协议，承认农民对创新过程的贡献，以及承认农民分发、交换或出售种子的权利。

良好的实践成为主流。由于越来越多的人接受和关注参与式育种，对生物多样性长期趋势的记录和分析更加容易获得。健全的社会分析是现在许多国家的普遍做法。研究人员和政策制定者系统地关注资源所有权及其多样性与农村人口（特别是农村贫困人口）生计之间的联系。生产者和消费者行为准则对决策产生影响，强调政府政策需要保持灵活，必须了解当地的实际情况。关键是要采取具有适应性和可参与的研究方式及自然资源管理方法，使生物多样性的守护者能够更有效地处理充满差异和变化着的农业生态系统。

高质量的参与。地方农业研究小组（Local Agricultural Research Committees，CIALs）现在不仅仅是一个运动，在许多国家还得到农业部的支持。地方农业研究小组的代表是省级和国家级政策咨询机构中受人尊敬和有影响力的成员。实地监测和评估不再是研究人员的特权。地方农业研究小组通常是更具包容性的组织，欢迎那些长期以来不被主流重视的参与者，特别是妇女和贫困家庭的成员。地方农业研究小组模式已经"旅行"到世界各地，在亚洲和非洲，甚至在一些发达国家，社区正在组建自己的地方农业研究小组，以更大限度地获得对生物多样性和生计的控制。

新一代的活跃的实践者。参与式育种作为一种新的研究方法被广泛接受，为开发新的教学、培训方法和材料提供了必要的资源，有利提供更多更好的培训以满足需求。参与式育种已经吸引了致力参与全球生物多样性保护的新一代年轻专业人员。

自《种子带来的生机　参与式植物育种》首次发表以来已经过去了近 20 年。为了保护农业多样性、改良作物和为大众生产高品质的食物，这种"新"的农业研究和发展方法近况如何？在过去的近 20 年里，它是如何发展的，有哪些创新，决策者和农业发展组织是否接受了这一方法，对未来的推测和展望现如今怎么样了，它以何种方式促进具有恢复力的种子系统和更健康的食物体系？在《种子带来的生机 2　参与式选育种与乡村振兴》中，我们试图回答这些问题。我们很高兴地看到，第一版的一些贡献者撰写了新的章节，介绍了他们在过去近 20 年中的工作。还有一些近期开始加入参与式研究工作的成员加入了队伍。所有撰稿人都满怀热忱，与农民一起运用、创新发展研究的方法来保护与可持续利用农业生物多样性。我们希望《种子带来的生机 2　参与式育种和乡村振兴》的出版，能够启发新一代研究者。

参 考 文 献

Bessette，G，2018. Can agricultural citizen science improve seed systems? The contributions of crowdsourcing participatory variety selection through on-farm triadic comparisons of technologies［R］. Working Paper Series No：1. CGIAR Research Program on Grain Legumes and Dryland Cereals，Hyderabad，India，and Bioversity International，Rome，Italy.

Beza，E，Steinke J，van Etten J，Reidsma P，Lammert K，Fadda C，Mittra S，2017. What are the prospects for large-N citizen science in agriculture? Evidence from three continents on motivation and mobile telephone use of resource-poor farmers participating in "tricot" crop research trials [J]. PLoS ONE，12（5）：e0175700.

Ceccarelli S，Grando S，Tutwiler R，Baha J，Martini A M，Salahieh H，Goodchild A，Michael M，2000. A methodological study on participatory barley breeding. I. Selection phase [J]. Euphytica，111（2）：91-104.

Davids J，Devkota C，Pandey N，Prajapati A，Ertis B A，Rutten M M，Lyon S W，Bogaard T A，van de Giesen N，2019. Soda bottle science-citizen science monsoon precipitation monitoring in Nepal [J]. Frontiers in Earth Science，7：46.

Fadda C，van Etten J，2018. Generating farm-validated variety recommendations for climate adaptation [M] // Rosenstock，Todd，Nowak，Andreea，Girvetz，Evan. The Climate-Smart Agriculture Papers. Springer.

Halewood M，Deupmann P，Sthapit B R，Vernooy R，Ceccarelli S，2007. Participatory plant breeding to promote farmers' rights [R]. Bioversity International，Rome，Italy.

Herpers S，Vodouhe R，Halewood M，De Jonge B，2017. The support for farmer-led seed systems in African seed laws [R]. ISSD Africa synthesis paper. ISSD Africa，Nairobi，Kenya. http：//cgspace. cgiar. org/handle/10568/81545.

Lammerts van Bueren E T，Struik P C，van Eekeren N，Nuijten E，2018. Towards resilience through systems-based plant breeding. A review [J]. Agronomy for Sustainable Development，38（5）.

Matelele L A，Sema R P，Maluleke N L，Tjikana T T，Mokoena M L，

Dibiloane M A, Vernooy R, 2018. Sharing diversity: Exchanging seeds and experiences of community seedbanks in South Africa [R]. Bioversity International, Rome, Italy and Department of Agriculture, Forestry and Fisheries, Pretoria, Republic of South Africa.

Ruiz M, Vernooy R. 2012. The custodians of biodiversity: Sharing access and benefits of genetic resources [R]. Earthscan, London, UK, and International Development Research Centre, Ottawa, Canada.

Steinke J, van Etten J, Mejía Zelan P, 2017. The accuracy of farmer-generated data in an agricultural citizen science methodology [J]. Agronomy for Sustainable Development, 37: 32.

Subedi A, Vernooy R, 2019. Healthy food systems require resilient seed systems [R]. Bioversity International. Agrobiodiversity Index Report: Risk and Resilience. Rome, Italy. http://cgspace.cgiar.org/handle/10568/105871.

van Etten J, 2019. Analyzing diversification as a risk management strategy with the minimum regret model [EB/OL]. https://www.preprints.org/manuscript/201901.0092/v1.

van Etten J, Beza E, Calderer L, van Duijvendijk K, Fadda C, Fantahun B, Kidane Y G, van de Gevel J, Gupta A, Mengistu D K, Kiambi D, Mathur P, Mercado L, Mittra S, Mollel M, Rosas J C, Steinke J, Suchini J G, Zimmerer K, 2016. First experiences with a novel farmer citizen science approach: Crowdsourcing participatory variety selection through on-farm triadic comparisons of technologies (tricot) [J/OL]. Experimental Agriculture, 12-21, http://doi.org/10.1017/S0014479716000739.

van Etten J, de Sousa K, Aguilar A, Barrios M, Coto A, Dell'Acqua M, Fadda C, Gebrehawaryat Y, van de Gevel J, Gupta A, Kiros A Y,

Madriz B, Mathur P, Mengistu D K, Mercado L, Nurhisen Mohammed J, Paliwal A, Pè M E, Quirós C F, Rosas J C, Sharma H, Singh S S, Solanki I S, Steink J, 2019. Crop variety management for climate adaptation supported by citizen science [J]. Proceedings of the National Academy of Sciences, 116 (10): 4194-4199.

Vernooy R, 2003. Seeds that give: Participatory plant breeding [M]. International Development Research Centre, Ottawa, Canada.

Vernooy R, 2017. Options for national governments to support smallholder farmer seed systems: The cases of Kenya, Tanzania, and Uganda [R]. HIVOS, the Hague, the Netherlands. http://cgspace.cgiar.org/handle/10568/80762.

Witcombe J R, Joshi A, Joshi K D, Sthapit B R, 1996. Farmer participatory crop improvement. I. Varietal selection and breeding methods and their impact on biodiversity [J]. Experimental Agriculture, 32 (4): 445-460.

上篇

国际案例

International cases

进化育种促进多样性回归

□ 萨尔瓦多·塞克莱利

1 引言

当今世界最经常引发争辩的话题莫过于气候变化、贫困、营养不良（包括营养摄入不足和肥胖问题）、水资源短缺、生物多样性流失等问题。一些国际报告通常将这些问题分割开来、单独讨论，实际上，这些问题却通过一个因素而紧密连接，那就是种子。种子之所以与气候变化相关，因为我们需要更能适应不断变化的作物。种子之所以与食物有关，因为我们大部分食物都直接或间接来自植物。因此，我们可以说，种子与食物、儿童营养不良有关系。种子与水的关联体现在"全球大约70%的用水均用于作物灌溉"这一事实，如果能培育出更多优良品种，从而以更少的灌溉用水获得相应的产量和经济收入，人类可用作其他方面的水资源会更加丰富。此外，种子还与营养不良有关：人类所需的热量约有60%来自玉米、小麦和水稻这三种作物，但它们的营养价值远低于大麦、谷子、高粱等作物。另外，和玉米、小麦、水稻比起来，小米和高粱需要更少的灌溉用水，二者合计仅需要全部作物灌溉用水量的50%。

至于农业生物多样性，一种观点强调农业生物多样性能够保障粮食安全（Cardinale, et al., 2012; Hooper, et al., 2012; Zimmerer, de Haan, 2017）和降低减产风险（Renard, Tilman, 2019），而现代植物育种实践对一致性目标的追求（Frison, et al., 2011）却违背了这一观点。大多数现代品种都是基于作物和市场而培育出的纯系、杂交种或无性系，这不仅造成多样性的丧失，也因此增加了作物的脆弱性（Esquinas-Alcázar, 2005; Hajjar, Hodgkin, 2007; Keneni, et al., 2012）。这种育种条件下，遗传资源的一致性使作物无法应对气候变化，尤其是短期的气候变化（Ray, et al., 2015）。除了我们不断强化种植品种一致性这一因素，植物育种也造成作物数量的减少。如今，全球粮食需求的95%仅来自30多种作物（FAO, 2010），如果按照重量计算，这其中的9种作物（甘蔗、玉米、大米、小麦、马铃薯、大豆、油棕果、甜菜和木薯）的产量占所有作物总产量的66%以上（FAO, 2017）。

事实已证明，作物多样性对于人类意义重大，特别是在限制疾病发展方面（Wolfe, et al., 1992; Zhu, et al., 2000; Döring, et al., 2011）。

☐ 2　人体内的生物多样性

目前，已有科学研究开始将生物多样性减少与多种疾病（包括多种癌症）联系起来（von Hertzen，et al.，2011）。炎症的增加与免疫防御效率降低息息相关（von Hertzen，et al.，2011），微生物群（有时称为微生物群组，指微生物群的基因），即我们肠道中的细菌、病毒、真菌、酵母菌和原生动物的复合体，与人体的免疫系统之间的关联已得到证实。所以，可以确定的是，微生物群的组成变化可以导致人体感染炎症（Khamsi，2015）。饮食对微生物群的影响巨大。饮食上的变化可在 24 小时内改变微生物群的组成，但若要恢复正常，即便回归原本的饮食结构后，仍需要 48 小时（Singh，et al.，2017）。微生物群似乎也与多种神经和精神疾病有关，如抑郁症、精神分裂症、自闭症、焦虑症和应激反应（Hoban，et al.，2016）。鉴于饮食与微生物群之间强烈的关联，目前许多研究都涉及各类饮食（如杂食、地中海饮食、普通素食、严格素食）对微生物群本身的组成和多样性的影响（Singh，et al.，2017）。营养学家针对各种饮食的观点不尽相同，但他们似乎都认同一个观点，即饮食多样性对于拥有健康的微生物群至关重要（Heiman，Greenway，2016）。

3　多样性和一致性

如果人类所需热量的 60％仅来自 3 种作物——小麦、水稻和玉米，那要如何才能实现多样化和健康的饮食呢（Thrupp，2000）？如果我们吃的所有食物都是合法销售且须在品种审定目录中登记的品种生产的，那么我们又如何能使食物多样化？难道凡是需要注册的品种，都必须具备一致性、稳定性、特异性吗？如果我们的健康取决于微生物群的多样性和组成成分，而微生物群又取决于饮食的多样性，那么当农业以一致性为原则来生产食物时，我们又如何能拥有多样化的饮食呢？由此可以看出，对多样化饮食的需要和法律对种子（进而对作物）的一致性规定，实际上是矛盾的。此外，要求作物具备一致性、稳定性，与要求作物具备气候变化适应性之间也是矛盾的。

到底谁才是美食大师？我们进入超市，从普通市民的角度来看，似乎有很多选择，但真正的美食大师并不是我们。因为无论我们买什么，仔细阅读标签后，会发现这些产品主要来自大型公司——雀巢、可口可乐、百事、卡夫、联合利华、家乐氏、玛氏、宝洁、强生，等等。这其中不仅存在食品垄断，更有种子垄断。全球种子市场价值数十亿美元，55％的份额被控制在 5 家大型跨国公司的手中（Bonny，2017），而这一数字在 1985 年仅为 10％。其中一些企业还控制着另一个价值数十亿美元的市场——农药（包括除草剂、杀虫剂和杀真菌剂）市场。这种情况令人担忧，因为研究已经证明，接触农药与慢性病（Mostafalou，Abdollahi，2013）、自闭症（von Ehrenstein，et al.，2019）发病率的上升之间存在密切关系。

□ 4 进化育种能做什么？

为了建立健康的食物系统，作物育种目标需要从一致性转变为多样性。参与式育种被定义为全程参与植物育种计划，客户在各个阶段参与所有重要决策，所谓的"客户"大多数情况下是农民，但也不仅限于农民（Ceccarelli，Grando，2019a），这有助于实现多样性的目标。然而，科研机构却很少采用参与式育种作为作物育种方法，这可能是因为"客户参与"所暗含的范式转变（Ceccarelli，Grando，2019b）难以被接受。通过以品种混合或种群培养为主要策略的进化育种，我们可以快速并以低廉成本实现培养多样性的目标（Suneson，1956；Ceccarelli，2009）。

对于品种混合，我们将静态混合与动态混合区别开来。静态混合是通过在每个季节将各类种子以不同比例混合，种子的物理混合在基因上比单一栽培更为复杂，可通过自然选择去修饰基因，田间发生的自然选择无法产生作用。当这种混合模式下培育的谷物被用作下一个生长周期的种子，为获得下一年的选择效果，这种混合就转变为动态混合。如果长时间保持这种动态混合状态，可能在几代之后会发生程度不一（取决于作物）的异交。这种状况和自然选择一起发挥作用，导致新基因组合分离出来。一旦发生这种情况，作物的基因结构就从动态混合转变为种群，如图1所示（Wolfe，Ceccarelli，2019）。

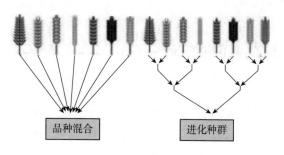

图1　品种混合和进化种群的区别

进化种群（Evolutionary Populations，EP）在所有可能的组合中通过 n 个品种的杂交形成。对于品种混合和种群，品种的选择，如选择多少个品种和具体选择哪个品种，取决于育种目标。例如，假设抗病性是目标设置中影响产量的问题，应选择进化种群中的1个甚至更多的亲本，或选择品种混合中的1个品种或多个品种来承载所需的抗病基因。对于所需目标基因，如果适合的遗传标记存在，可以更有效地处理进化种群。类似的，对于品质而言，自然选择对品质性状发挥不了作用，因此这些性状应体现在进化种群或品种混合的亲本中（Brumlop，et al.，2017）。

一旦某个种群被种下，它就可以像作物一样开始进化，要么将一部分收获的种子用作下一生长周期，要么选择最好的植株，当然二者同时进行也可以。由于自然选择和自然杂交的共同作用，收获的种子在遗传上与普通种植的种子不同。换句话说，种群（包括从原始混合品种中衍生的种群）不断演化即是进化种群。农民独自试验或与育种家合作试验，就有可能在进化育种项目中既让作物适应土壤、气候的条件，又合乎特定农业实践的需求和目标，如有机农业。

进化育种的科学基础源自苏尼生（Suneson，1956）的一篇研究论文，他在这篇论文中首次使用了"进化育种"这个术语。1929 年，Harlan 和 Martini 提出了作物育种的复合杂交（CC）方法，并从全球主要大麦种植区收集了 28 个优良大麦品种的 378 个杂交系，获得相等数量的 F_2 种子并汇集，培育出了大麦 CC Ⅱ（Harlan，Martini，1929）。其他历史上的复合杂交还有 CC Ⅻ（由美国农业部收集的 6 200 个大麦种质资源合成）和 CC Ⅴ（除使用 30 个杂交亲本，其他与 CC Ⅱ 类似）。很多研究以这些复合杂交和品种混合为对象，展示了进化种群和品种混合如何通过改变物候节律以适应生长环境（Allard，Hansche，1964），增加产量（Patel，et al.，1987；Suneson，1956；Rasmusson，et al.，1967；Solima，Allard，1991），提高产量稳定性（Allard，1961），增强抗病性（Simmonds，1962；Smithso，Lenné，1996；Ibrahim，Barret，1991；Mundt，2002；Mulumba，et al.，2012），增加植株高度（Suneson，Wiebe，1942）。此外，还有几篇论文证明了进化种群确实通过改变物候节律而适应了不同地理区域的生长需求（Goldringer，et al.，2006），它们在干旱年份的表现要优于那些具有一致性的品种（Danquah，Barrett，2002），并能获得更高的产量和高产稳定性（Raggi，et al.，2016a，2016b，2017）。在国际农业发展基金（International Fund for Agricultural Development，IFAD）资助的一个项目中，伊朗引进了进化种群，农民发现用传统工艺和小麦进化种群烘焙而成的面包对人体健康大有裨益。

目前，意大利在谷物和某些园艺作物中越来越普遍地使用进化种群。Domus Amigas（CSA）主持了撒丁岛的进化育种项目。在艾米利亚的罗马涅大区（Emilia-Romagna），针对品种混合试验的地区项目在博洛尼亚大学和敞田公司（OPEN FIELDS）展开（BIO项目）。佩鲁贾大学、博洛尼亚大学、佛罗伦萨大学目前正在研究品种混合和进化种群。在一家名为Rete Semi Rurali 的农业组织（http：//www. semirurali. net）研究工作的推动下，目前在西西里岛、巴斯利卡塔、莫利塞、普利亚、阿布鲁佐、马尔凯、托斯卡纳、艾米利亚-罗马涅、威尼托、伦巴第大区、弗留利-威尼斯朱利亚和皮埃蒙特均有进化种群。意大利有机农业协会对这种方法持支持态度。这些组织认为，进化育种形成的种子主权更具有生物学意义而非意识形态意义。对于农民来说，再没有什么比他们能够在自己农田里生产出种子更棒的事了。

意大利的进化种群培育出超过2 000个不同的面包用小麦品种，这些小麦品种来源于世界不同地方，用它们制作的面包除了具有独特的香气和口感，也可以被麸质不耐症患者接受。我们提议将这一种群称为阿勒颇混合，因为这一种群最初是在叙利亚构建出来的。最近，意大利的莫利塞和马尔凯使用硬粒小麦进化种群制作意大利面。伊朗的牧羊人也发现，将大麦进化种群当作饲料喂养绵羊，所得到的羊奶质量也有所提高。

这些结果表明，除了已经提到的上述所有好处，培育进化种群是能够同时保障粮食安全与食品安全的理想方式，也有助于增加农民收入。

根据欧盟理事会 2014 年 3 月 18 日通过的决议（66/402/EEC），欧洲的小麦、玉米、水稻和燕麦的种群使用是合法的。根据这一决定，在 2021 年 12 月 31 日前销售 4 种谷物的试验性异质资源成为可能。目前已有 34 个种群登记，在某些案例中，这些种群的种子已经实现了商品化。

5 结论

品种混合和进化种群代表一种另类的遗传物质，具有遗传综合方案的所有特征，并具有多方面的好处，包括：

- 渐进的演化不仅能适应不同地点的条件，而且能适应"精准农业"中同一个农场内的每一处微观环境；
- 无论气候如何变化，农民都能够获得稳定的收成；
- 无须使用化学药品即可控制杂草和病虫害；
- 逐步适应长期的气候变化；
- 种子和粮食安全都能得到保障；
- 向消费者提供健康产品；
- 农民拥有自己的种子。

进化育种可以和参与式育种结合起来，农民在进化种群时选择的种子可以进入参与式育种项目。因此，无论从哪种角度来看，不断进化的种子也是我们充满希望的未来播下的种子。

参 考 文 献

Allard R W，1961. Relationship between genetic diversity and consistency of performance in different environments [J]. Crop Science，1（2）：127-133.

Allard R W，Hansche P E，1964. Some parameters of population variability and their implications in plant breeding [M] // Norman，A. Advances in Agronomy. Academic Press：281-325.

Boncompagni E，Orozco-Arroyo G，Cominelli E，Gangashetty P I，Grando S，Kwaku Zu T T，Daminati M G，Nielsen E，Sparvoli F，2018. Antinutritional factors in pearl millet grains：Phytate and goitrogens content variability and molecular characterization of genes involved in their pathways [J]. PLoS ONE，13（6），e0198394.

Bonny S，2017. Corporate concentration and technological change in the global seed industry [J]. Sustainability，9：1632.

Brumlop S，Pfeiffer T，Finckh M R，2017. Evolutionary effects on morphology and agronomic performance of three winter wheat composite cross populations maintained for six years under organic and conventional conditions [J]. Organic Farming，3（1）：34-50.

Cardinale B J，Duffy J E，Gonzalez A，Hooper D U，Perrings C，Venail P，Narwani A，Mace G M，Tilman D，Wardle D A，Kinzig A P，

Daily G C, Loreau M, Grace J B, Larigauderie A, Srivastava D S, Naeem S, 2012. Biodiversity loss and its impact on humanity [J]. Nature, 486: 59-67.

Ceccarelli S, 2009. Evolution, plant breeding and biodiversity [J]. Journal of Agriculture and Environment for International Development, 103 (1/2): 131-145.

Ceccarelli S, Grando S, 2019a. Participatory plant breeding: Who did it, who does it and where? [J]. Experimental Agriculture, 33: 335-344.

Ceccarelli S, Grando S, 2019b. From participatory to evolutionary plant breeding [M] // Westengen O T, Winge T. Farmers and plant breeding. Current approaches and perspectives. Routledge, Oxon, UK, 231-243.

Danquah E Y, Barrett J A. 2002. Grain yield in Composite Cross Five of barley: Effects of natural selection [J]. Journal of Agricultural Science, 138: 171-176.

Döring T D, Knapp S, Kovacs G, Murphy K, Wolfe M S, 2011. Evolutionary plant breeding in cereals: Into a new era [J]. Sustainability, 3: 1944-1971.

Dwivedi S, Upadhyaya H, Senthilvel S, Hash C, Fukunaga K, Diao X, Santra D, Baltensperger D, Prasad M, 2011. Millets: Genetic and genomic resources [J]. Plant Breeding Reviews, 35, John Wiley & Sons, Inc., Hoboken, N J, USA.

Esquinas-Alcázar J, 2005. Protecting crop genetic diversity for food security: Political, ethical and technical challenges [J]. Nature Reviews Genetics, 6: 946-953.

FAO, 2010. The second report on the State of the World's Plant Genetic

Resources for Food and Agriculture [R]. FAO, Rome, Italy.

FAO, 2014. The state of Food and Agriculture 2014. Innovation in family farming [R]. FAO, Rome, Italy.

Frison E, Cherfas J, Hodgkin T, 2011. Agricultural biodiversity is essential for a sustainable improvement in food and nutrition security [J]. Sustainability, 3: 238-253.

Goldringer I, Prouin C, Rousset M, Galic N, Bonnin I, 2006. Rapid differentiation of experimental populations of wheat for heading time in response to local climatic conditions [J]. Annals of Botany, 98 (4): 805-817.

Grando S, Gormez Macpherson H, 2005. Food barley: Importance, uses and local knowledge [J]. Proceedings of the International Workshop on Food Barley Improvement, 14-17 January 2002, Hammamet, Tunisia. ICARDA, Aleppo, Syria, x+156.

Hajjar R, Hodgkin T, 2007. The use of wild relatives in crop improvement: A survey of developments over the last 20 years [J]. Euphytica, 156: 1-13.

Harlan H, Martini M L, 1929. A composite hybrid mixture [J]. Journal of American Society of Agronomy, 21: 487-490.

Heiman M, Greenway F L, 2016. A healthy gastrointestinal microbiome is dependent on dietary diversity [J]. Molecular Metabolism, 5 (5): 317-320.

Hoban A, Stilling R M, Ryan F J, Shanahan F, Dinan T, Claesson M J, Clarke G, Cryan J, 2016. Regulation of prefrontal cortex myelination by the microbiota [J]. Translational Psychiatry, 6: e774.

Hooper D U, Adair E C, Cardinale B J, Byrnes J E K, Hungate B A,

Matulich K L, Gonzalez A J, Dufy J E, Gamfeldt L, O'Connor M I, 2012. A global synthesis reveals biodiversity loss as a major driver of ecosystem change [J]. Nature, 486: 105-108.

Ibrahim K M, Barret J A, 1991. Evolution of mildew resistance in a hybrid bulk population of barley [J]. Heredity, 67: 247-256.

Keneni G, Bekele E, Imtiaz M, Dagne K, 2012. Genetic vulnerability of modern crop cultivars: Causes, mechanism and remedies [J]. International Journal of Plant Research, 2 (3): 69-79.

Khamsi R, 2015. A gut feeling about immunity [J]. Nature Medicine, 21: 674-676.

Mostafalou S, Abdollahi M, 2013. Pesticides and human chronic diseases: Evidences, mechanisms, and perspectives [J]. Toxicology and Applied Pharmacology, 268 (2): 157-177.

Mulumba J W, Nankya R, Adokorach J, Kiwuka D, Fadda C, De Santis P, Jarvis D I, 2012. A risk-minimizing argument for traditional crop varietal diversity use to reduce pest and disease damage in agricultural ecosystem of Uganda [J]. Agriculture, Ecosystem and the Environment, 157: 70-86.

Mundt C C, 2002. Use of multiline cultivars and cultivar mixtures for disease management [J]. Annual Review Phytopathology, 40: 381-410.

Patel J D, Reinbergs E, Mather D E, Choo, T M, Sterling J D, 1987. Natural selection in a double-haploid mixture and a composite cross of barley [J]. Crop Science, 27: 474-479.

Raggi L, Ceccarelli S, Negri V, 2016a. Evolution of a barley composite cross-derived population: An insight gained by molecular markers [J]. The Journal of Agricultural Science, 154: 23-39.

Raggi L，Ciancaleoni S，Torricelli R，Terzi V，Ceccarelli S，Negri V，2017. Evolutionary breeding for sustainable agriculture：Selection and multi-environment evaluation of barley populations and lines [J]. Field Crops Research，204：76-88.

Raggi L，Negri V，Ceccarelli S，2016b. Morphological diversity in a barley composite cross derived population evolved under low-input conditions and its relationship with molecular diversity：Indications for breeding [J]. The Journal of Agricultural Science，154：943-959.

Rasmusson D C，Beard B，Johnson F K，1967. Effect of natural selection on performance of a barley population [J]. Crop Science，7：543-543.

Ray D K，Gerber J S，MacDonald G K，West P C，2015. Climate variation explains a third of global crop yield variability [J]. Nature Communications，6：5989.

Renard D，Tilman D. 2019. National food production stabilized by crop diversity [J]. Nature，571：257-260.

Save the Children，2012. State of the World's Mothers 2012：Nutrition in the first 1000 days [R/OL]. https：//resourcecentre. savethechildren. net/library/state-worlds-mothers-2012-nutrition-first-1000-days.

Simmonds N W，1962. Variability in crop plants：Its use and conservation [J]. Biological Reviews，37：422-465.

Singh R K，Chang H W，Yan D，Lee K M，Ucmak D，Wong K，Abrouk M，Farahnik B，Nakamura M，Zhu T H，Bhutani T，Liao W，2017. Influence of diet on the gut microbiota and implications for human health [J]. Journal of Translational Medicine，15 (1)：73.

Smithson J B，Lenné J M，1996. Varietal mixtures：A viable strategy for sustainable productivity in subsistence agriculture [J]. Annals of Applied Biology，128（1）：127-158.

Soliman K M，Allard R W，1991. Grain yield of composite cross populations of barley：Effects of natural selection［J］. Crop Science，31：705-708.

Suneson C A，1956. An evolutionary plant breeding method［J］. Agronomy Journal，48：188-191.

Suneson C A，Wiebe G A，1942. Survival of barley and wheat varieties in mixtures［J］. Journal of the Agronomy Society of America，34：1052-1056.

Thrupp L A，2000. Linking agricultural biodiversity and food security：The valuable role of agrobiodiversity for sustainable agriculture［J］. International Affairs，76：265-281.

von Ehrenstein O S，Ling C，Cui X，Cockburn M，Park A S，Yu F，Wu J，Ritz B，2019. Prenatal and infant exposure to ambient pesticides and autism spectrum disorder in children：Population based case-control study［J］. British Medical Journal，364：l962.

von Hertzen，et al. ，2011. Natural immunity：Biodiversity loss and inflammatory diseases are two global megatrends that might be related［R］. EMBO reports，12：1089-1093.

Wolfe M S，Brändle U，Koller B，Limpert E，McDermott J M，Müller K，Schaffner D. 1992 Barley mildew in Europe：Population biology and host resistance［J］. Euphytica，63（1/2）：125-139.

Wolfe M S，Ceccarelli S，2019. The increased use of more diversity in cereal cropping requires more descriptive precision［J］. Journal of the Science of Food and Agriculture，07-04. https：//doi. org/10. 1002/jsfa. 9906.

Zhu Y，Chen H，Fan J，Wang Y，Li Y，Chen J，Fan J，Yang S，Hu L，Leung H，Mew T W，Teng P S，Wang Z，Mundt C C，2000. Genetic diversity and disease control in rice ［J］. Nature，406：718-722.

Zimmerer K S，de Haan S，2017. Agrobiodiversity and a sustainable food future ［J］. Nature Plants，3：17047.

近25年来北非和近东地区的
参与式选育种发展经验

□ 萨尔瓦多·塞克莱利　亚历山德拉·伽利耶

斯蒂法尼亚·格兰多

┌ 1　引言

参与式研究最早于 20 世纪 80 年代中早期在两篇经典论文
(Rhoades，Booth，1982；Rhoades，et al.，1986) 中提出。参
与式研究已被引入并应用于作物育种领域，形成了参与式育种。
我们将参与式定义为客户（大多数情况是农民，但也不限于农民）
全程参与育种计划的各个阶段的所有重要决策，如图 1 所示。

参与式育种（PPB）与参与式选种（PVS）的不同之处体
现在参与行为的开始时间。在参与式选种中，农民在试验品种
测试时开始参与。一方面，从技术上讲，参与式选种比参与式
育种易于组织，因为农民通常只在某个阶段在有限的品种数量
上发表意见；另一方面，参与式选种通常允许农民参与的选择
非常有限。使用参与式选种育种对农民来说是有风险的，其中

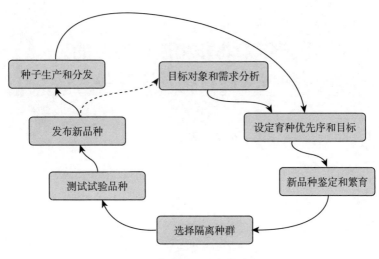

图 1 育种项目的主要阶段

之一就是育种材料可能在农民看到之前就已经被舍弃了。但
是，因为组织起来简单，所以在完全去中心化的条件下，参与
式选种可以成为农民参与试验的有效切入点。我们将在本章介
绍参与式育种最初是如何在叙利亚阿勒颇的国际干旱地区农业
研究中心（International Center for Agricultural Research in
Dry Areas，ICARDA）大麦育种计划中使用，之后又是如何
在其他地区（如北非、非洲之角和中东地区）使用的。

◻ 2 方法

    1995 年 9 月，我们在叙利亚东北部拉卡省的一个名为乔恩·埃尔·艾斯瓦德（Jurn El Aswad）的村庄与一群农民会面交流。我们想探讨以下想法是否可行，即将大多数品种选择工作从国际干旱地区农业研究中心的研究站转移到农民的田地，并让农民参与品种选择和其他重要决策。之所以会做这样的改变，其实是源自我们在国际干旱地区农业研究中心从事的大麦育种计划中对"基因型×环境"相互作用影响的分析结果（Ceccarelli，et al.，1994；Ceccarelli，1994）。

对于我们的提议，Jurn El Aswad 的农民表示了极大的兴趣。我们决定访问另外 8 个代表不同农业气候环境及不同种族群体的村庄。为使这些社区尽可能多地接触大麦多样性，我们设计的第一个试验包含 200 个极为不同的品种，其中既包含现代品种也包含地方品种，这批试验品种于 1995 年秋季播种。德国技术合作组织（German Organization for Technical Cooperation，GTZ）；现在改名为德国国际合作机构（Deutsche Gesellschaft für International Zusammenarbeit，GIZ），为初期工作提供了资金支持。1998 年，在加拿大国际发展研究中心的资金支持下，我们将大麦育种计划的参与式育种工作首先扩展到了突尼斯和摩洛哥，之后继续扩展到约旦，然后又在其他资助者的支持下扩展到了其他国家。

随着时间的推移，参与式育种在方法上有所发展，但育种程序的基本架构保持不变。

在育种项目的经典流程（图 1）中，国际干旱地区农业研究中心大麦育种专家负责通过有针对性的杂交，产出、鉴定新品种。育种的重点和目标是基于社会需求分析来确定的，根据目标和需求，参与式育种在每个国家或地区实施的杂交类型也不尽相同。例如，针对叙利亚干旱地区的需求，实施了一项具有黑色种子性状与野生大麦近缘种大麦属植物的杂交计划。与此同时，针对叙利亚湿润地区，实施的则是另一种不同的主要使用带有白色种子的杂交计划。同样，在其他实施项目的国家，也都是采用具有针对性的杂交策略。

在农民的特定需求下，我们在所有案例中都加入了大量的当地品种。我们将隔离 F_3 混合种群直接用于农民田间试验，无须事先在试验站选种。之所以用 F_3 而非 F_2，是因为 F_2 种子数量不足，而 F_3 混合群落的数量几乎等于杂交种子数量。

这些试验逐步被确定下来并根据需要调整。我们与农民合作，他们向我们提供了很多建议，包括地块的最优规模、种质资源的首选类型、可为试验提供的土地数量，即试验地块的面积。随着常规育种试验设计和统计分析的进展，这些试验也得到了相应的发展。因此，多年来，我们用部分复制的设计代替了增广设计。我们将行和列设计替换为随机区组设计，以便做空间分析。最终，我们用优化随机数代替了普通随机数。当然，所有这些程序方法上的发展都是建立在维持稳健的科学基础之上。换句话说，该程序产生的所有数据（即农艺数据和农民偏好），均可用于最高级的统计分析。这使农民能够获得关于选择育种材料的无偏预测数据，反过来，这种情况亦可使其选择效率最大化。

隔离种群之间的选择从 F_3 混合开始，完全在农民的田地里进行，整个周期通常为 4 年。这样做的原因是，除其他性状，我们希望能保证谷物产量的稳定性。对农民来说，像大麦这种具有高利润率的饲料作物，稳定的产量尤为重要。在叙利亚和约旦，在某些情况下对品种评分（借助实地可见的材料和品种的实际样本）是在个人家庭中进行。这样的评分促进了妇女参与选择自己喜欢的品种，当地的社会规范通常不鼓励女性与非亲属男性一起参与公共活动（如参与式育种打分期间）。

在单个村庄，项目架构包括杂交后第 4 年在试验站开展的第 1 阶段试验（图2）；在第 5 年，将来自第 1 阶段试验的选种（获得方法如下所述）按不同数量在第 2 阶段的试验中种植。但是，由于育种项目是一个循环过程，并且每年都会有新的杂交，因此在第 5 年及随后的几年中将重复新的第 1 阶段试验。

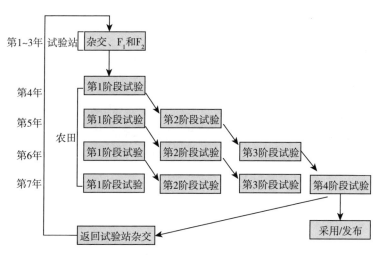

图2　一个村庄参与 ICARDA 大麦育种项目的流程

第 2 阶段的选种会在第 6 年通过一定数量的第 3 阶段试验

进行测试，这种第 3 阶段试验的数量在每个村子都与相应的第
2 阶段的试验数量相同。经过在第 4 阶段试验中的第 4 年测试
后，最终选择的种子足以供参与该过程的农民大规模种植（通
常大于1公顷）。理论上讲，它也可以提交官方发布，这也仅
是理论上的，因为实际上出现这种情况的仅有个别国家或地
区。第 4 阶段的最终选种也用于杂交计划，原则是哪个区域的
选种就用于哪个区域的杂交计划。

因此，当在给定的村庄中完全实施这一过程时，村庄本身
看起来就像是一个试验站，村庄内不同的农民种植阶段亦有不
同。仅在叙利亚，这个计划最终在 24 个村庄实施，每年有
200 多个田间试验，其中 400 多个育成品种分属不同阶段。此
外，如图 2 所示，在完全实施这一流程之后，农民会为下一个
周期选择亲本。

这个试验流程中的一些步骤需要做进一步阐述。

2.1　国家选择

这主要是基于资助者的偏好；或是自我宣传，如约旦、也
门、阿尔及利亚、埃及和伊朗；或者是出于贫困问题而做出的
选择，比如厄立特里亚。

2.2　地点选择

这是基于给定国家或地区中支持该计划的特定项目的优先
级，或是基于当地科学家与农民社区之间的沟通，以及农民的
自我提升需求，比如叙利亚的许多案例就是这样的情况。

2.3 试验框架

第 1 阶段试验的规模，也就是试验在任何给定地点开始的规模是与农民协商确定的，试点的面积有叙利亚境内近 0.3 公顷的 200 个地块、约旦和厄立特里亚境内的 100 个地块、埃及的 60 个地块、也门的 45 个地块不等。地块面积从叙利亚和约旦的 12 米² 到也门和厄立特里亚的 1 米² 不等。灵活的规模和地块面积能够让项目满足不同土地所有情况下农民的不同需求，从叙利亚的大于 5 公顷到厄立特里亚、也门小于 1 公顷的情况都有涉及。首要原则是确保第 1 阶段有足够的多样性，这样才能保证农民的选择有意义。

2.4 农民的田间选择

在所有国家或地区，农民都可以决定选择时间、选择频率。在大多数情况下，他们将目测作为最接近测定收获的最佳方法。在尝试了不同的方法之后，在大多数国家，农民发现按照从 1（最差的地块）到 4（最好的地块）这种等级来打分的方式最容易也最快。在伊朗，农民决定根据作物株高、分蘖、穗长、倒伏情况和籽粒大小，按照从 1（较不理想）到 10（最理想）的等级单独打分。

参与该项目的伊朗妇女表示，她们对大米的味道和烹饪品质比较关注，她们在对试验品种评分前已经在家里测试过了。在叙利亚和约旦，妇女比较重视用来制作当地面包的面粉的弹性，以及用来制作供家庭使用和销售的本地篮子的植物茎秆的弹性和长度。但是，在所有国家中，数量特征仍然是各组选择时优先考虑的因素。排序是没有问题的，因为排序不会在各种偏好之间制造"差距"（Abeyasekera，2005）。

2.5　数据记录

大多数国家的农民选择试验田时，研究人员都记录了许多定量特征（通常是株高和穗长），因为农民普遍认为这些特征对确定品种的优劣来说很重要。在收割时以农民自己手工收割并脱粒的 1 米^2 样品为基础来记录谷物和秸秆产量，直至联合收割机的出现。在收获的样品上，研究人员测量了农民高度重视的特征——千粒重。在伊朗，大部分工作直接由农民在社会组织的工作人员的监督下完成。

2.6　数据分析

收获后我们以最快的速度在试验站完成以村为单位的数据统计分析。空间分析（Rollins，et al.，2013）生成了BLUP（最佳线性无偏差估计），并制成表格，然后将表格翻译成当地语言并提供给农民，从而让他们自己做最终选择。这样，农民就可以获得与育种家一样数量和质量的信息来从事最终的选种工作，参与最终选种过程的育种家也仅只是为了记录农民的选择结果。

2.7　最终选择

这项工作是在每个村庄独立完成的，通常是在村庄内某个农民家里完成。一般情况下会在不同农户间轮流开展,但偶尔会有例外。这类会议要双方确认日期,但必须预留充足的时间,以便对下一轮试验的播种季节做好组织上的准备。在同一次会议上还将讨论如何把试验分配给村庄内不同的农民,并最终确定相应的方法。

2.8 品种命名

品种的命名完全由农民决定。农民可以使用不同的标准,可以是某个有名望的农民儿子的名字,也可以是村庄的名字,也可以是新生女婴的名字,也可以是具有象征意义的名字。育种家仅在极少数情况下会干预,如4年周期结束时,不只1个村庄选择了相同的种子但却起了不同的名字。这种情况一旦出现,可能会造成后续种群杂交的问题,所以育种家需要通过协调就统一名称达成共识。

3 合作关系

本章描述的参与式育种计划与多家机构合作开展。根据可能的体制化要求,育种机构是我们的首选,如叙利亚、约旦、厄立特里亚、也门、摩洛哥、突尼斯和阿尔及利亚的农业部,伊朗的社会组织,或某些并非必须参与到作物育种的政府机构,如埃及的沙漠研究所。

■ 4 研究结果

- 在确定最高产量方面，农民在自己田地中的效率略高于育种家；

- 在降水丰沛地区的试验站选种，育种家的效率要比农民高，但在降水较少地区的第二试验站中，育种家的效率要低于农民。关于这一发现的研究论文被评为2000年国际农业研究磋商组织的最佳科学论文，但最重要的是，这表明有可能将选种的权力和责任转移给所在地区的农民，这样一来，农民可以在众多品种里自主选择。客观上来说，农民的选种更高产一些，但地区不同，情况也可能有差异；

- 截至2007年，已有5个国家的32个品种被农民采用（表1）。叙利亚首先在降水较少地区（年降水量小于250毫米）采用；

- 在叙利亚，所选村庄中年均降水量在189～277毫米的村庄，从参与式育种中选择的品种、种群获得的产量比当地品种要高出5%～25%（Desclaux, et al., 2012）；

- 在厄立特里亚，项目选择5种作物（小麦、小扁豆、蚕豆、鹰嘴豆、大麦）进行种植，除蚕豆，所有作物均采用了新品种，并且从项目开始后的4年内就开启了由农民主导的种子生产；

· 我们发现，在一些村庄，男性和女性无论在副业活动还是相同的正式活动中，针对不同性状都具有优先序，如妇女对手工收割柔软的茎秆和制作篮子很感兴趣，而男性因为参与种子销售则喜欢较高的产量。在相同的正式活动中，性别规范和动态可能会影响每个群体执行相同活动的方式，如在出售种子时，女性可能主要在本地市场上销售给其他女性，而男性可能主要在其他地方或城市市场销售给其他男性。结果就是：男性可能更倾向于优先选择城市和农村男性期望的一些特征，而女性可能更倾向于优先选择农村女性所期望的一些特征；

· 一项为期4年的关于参与式育种在农村妇女赋能潜力方面的研究表明，当我们有意识地采用性别敏感方法来调节性别规范，让妇女能够参与参与式育种活动并从改良品种中受益，可能会产生积极效果。关于这个主题的研究论文被授予爱思维尔出版社ATLAS奖，以表彰研究结果的影响力（Galié, et al., 2017）。

表1 5个国家参与参与式育种计划的农民选择和采用的品种数量

单位：个

国家	作物	品种
叙利亚	大麦	19
约旦	大麦	1（已提交）

（续）

国家	作物	品种
埃及	大麦	5
厄立特里亚	大麦	3
也门	大麦	2
	扁豆	2

5 其他行动研究结果

鉴于农业生物多样性的重要性以及人们对现代育种和常规育种降低农业生物多样性的认识，参与式育种在增加生物多样性、去中心化决策以及优先考虑特定方面的适应性上具有明显的优势（图3）。

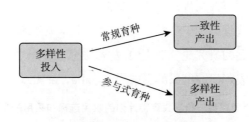

图3 参与式育种和农业生物多样性

因此，参与式育种可以极大地促进农业系统的多样化，进而为农业提供多种生态系统服务，减少对非农业投入的需求（Kremen，Miles，2012）。

□ 6　性别分析和女性赋能

在叙利亚实施的参与式育种计划，最初采用的是不区分性别的方法，并且原则上对男性和女性都开放。但是，并不是所有国家的男性和女性都能平等参与，如在约旦、埃塞俄比亚、厄立特里亚这样的国家，妇女至少在数量上能与男性平等，但在叙利亚，即便十年之后，仍只有男性能参与其中。

2006 年，我们开展了一项诊断研究，了解参与式育种计划中缺少妇女参与的原因。我们发现，妇女对参与该计划表现出浓厚的兴趣。从 2007 年开始，我们实行一项以参与式育种项目赋能影响的评估，从 3 个村庄邀请为数众多的妇女参加 2009 年在阿勒颇举行的农民大会并在会上发言（Galiè，et al.，2009）。有两个例子能表明叙利亚正逐步增强参与式育种项目的参与度。第一个是例子是妇女参与了通过项目培育出的种子的销售。第二个例子是一名寡妇在参与式育种培育出的种子中发现了可靠的奶牛饲料来源，而这种饲料原本成本高昂，这一发现促进了牛奶产量增加，从而增加了农场收入。这两个例子都表明，参与式育种在为从事农业和畜牧业的女性劳动者提供新机遇方面具有强大的潜力（Galiè，et al.，2017）。

■ 7 能力发展

　　从农民的角度来看，实施参与式育种所使用的方法及其优势在早期就已出现明显的同化。例如，从最初几年开始，通过给出农田土壤理化性质的巨大空间差异，农民就已充分理解了空间复制的优势。

　　值得一提的是我们在约旦开展工作的方式。在约旦大学安曼分校的教授访问叙利亚国际干旱地区农业研究中心期间，他们被带到实施参与式育种的某个村庄并与农民面对面交流。教授对农民谈论该项目的方式印象深刻，特别是允许农民在项目中表达他们所理解的作物知识。在返回阿勒颇时，其中一位教授要求在约旦启动一个类似的计划，而该计划最终于 2000 年落地，起初是与约旦大学合作，后来与国家农业研究与推广中心［NCARE，现为国家农业研究中心（NCAR）］。这一计划一直持续到今天。

　　借用一个社会科学术语，叙利亚国际干旱地区农业研究中心的大麦参与式育种计划最初是由"科学家驱动"的，因为种质资源类型是科学家介绍给农民并决定使用的。但是，由于大麦参与式育种计划应该是真正意义上的参与式计划，因此其中参与者的角色很快发生了变化。农民逐渐开始影响方法，如如何组织田间选择，提出合理的评分方法，选择种质类型，提出改良品种和地方品种之间的比例，并组织粮食收获。

一些正式的培训课程不仅在已实施参与式育种计划的国家举办，如叙利亚和约旦（2门课程）、埃塞俄比亚（3门课程）、中国（1门课程），也在对参与式育种项目感兴趣的国家组织了相关培训课程，如意大利（3门课程）、澳大利亚和南非（3门课程）、柬埔寨、菲律宾、印度（4门课程）、不丹。同时，还出版了一本著作（Ceccarelli，et al.，2009）和一套培训手册（http://www.fao.org/family-farming/detail/en/c/326138/）。

8 政策影响

叙利亚国际干旱地区农业研究中心大麦参与式育种计划比较明显的失败是从未采用过这个计划。实际上，尽管农民表现出极大的积极性，也有扎实的科学基础，但国际农业研究磋商组织（Consultative Group on International Agricultural Research，CGIAR）其他中心都没有采用（Ceccarelli，2015）。然而，尽管缺乏国际农业研究磋商组织的支持，约旦、阿尔及利亚、也门和厄立特里亚等一些国家实际上还是将参与式育种用作育种方法或作为其国家育种计划的一部分，这也可以算是一点成效。在某些国家如约旦和阿尔及利亚，武装冲突仍在继续，而在另一些国家，社会动荡或战争的外部因素也导致参与式育种项目无法继续进行。

在政策影响方面，参与式育种的主要问题在于它逆转了作物育种中的一致性趋势。这种一致性趋势在技术、商业、历史、心理和美学等因素的作用下，早在作物育种初期就已经开始有所体现（Frankel，1950）。我们应该注意到，前述所有这些因素中，唯独少了"生物"因素。弗兰克（Frankel）补充说，"纯度"的概念不仅拖延了不必要的时间，还可能不利于实现高产。此外，参与式育种通过克罗彭堡定义的"收回"的过程，将种子生产、品种创新和遗传资源保护的权利重新交到农民的手中（Kloppenburg，2010）。这样一来，采用参与式育种就意味着权利、权威和控制的改变（Fitzgerald，1993）。这在某些国家听起来非常激进，甚至具有颠覆性（Crane，2014）。伽利耶还分析了在国际和国家层面规范获取和控制遗传资源权利的治理制度，与妇女通过参与式育种共同参与培育品种的能力之间的相互作用，主张通过国际立法明确保护妇女在农业和畜牧业中获取和分享遗传资源利益的权利，避免妇女因受限于当地性别制度而无法从新品种中受益（Galie，2013）。

参 考 文 献

Abeyasekera S, 2005. Quantitative analysis approaches to qualitative data: Why, when and how? [M] //Holland, J D, Campbell, J. Methods in development research: Combining qualitative and quantitative approaches. ITDG Publishing, Warwickshire, 97-106.

Ceccarelli S, 1994. Specific adaptation and breeding for marginal conditions [J]. Euphytica, 77: 205-219.

Ceccarelli S, 2015. Efficiency of plant breeding [J]. Crop Science, 55: 87-97.

Ceccarelli S, Erskine W, Grando S, Hamblin J, 1994. Genotype x environment interaction and international breeding programmes [J]. Experimental Agriculture, 30: 177-187.

Ceccarelli S, Guimaraes E P, Weltzien E, 2009. Plant breeding and farmer participation [R]. FAO, Rome.

Crane T A, 2014. Bringing science and technology studies into agricultural anthropology: Technology development as cultural encounter between farmers and researchers [J] . Culture, Agriculture, Food and Environment, 36 (1): 45-55.

Desclaux D, Ceccarelli S, Navazio J, Coley M, Trouche G, Aguirre S, Weltzien E, Lançon J, 2012. Centralized or decentralized breeding: The potentials of participatory approaches for low-input and organic agriculture [M] // Lammerts van Bueren E T, Myers J R. Organic crop breeding. Wiley-Blackwell Publishing, Hoboken, N J, 99-123.

Fitzgerald D, 1993. Farmers deskilled: Hybrid corn and farmers' Work [J]. Technology and Culture, 34 (2): 324-343.

Frankel O H, 1950 . The development and maintenance of superior genetic stocks [J]. Heredity, 4: 89-102.

Galiè A, 2013. Governance of seed and food security through participatory plant breeding: Empirical evidence and gender analysis from Syria [J]. Natural Resources Forum (NRS), a United Nations Sustainable Development Journal, 37: 31-42.

Galié A, Hack B, Manning-Thomas N, Pape-Christiansen A, Grando S, Ceccarelli S, 2009. Evaluating knowledge sharing in research: The international farmers' conference organized at ICARDA [J]. Knowledge Management for Development Journal, 5 (2): 108-126.

Galié A, Jiggins J, Struik P, Grando S, Ceccarelli S, 2017. Women's empowerment through seed improvement and seed governance: Evidence from participatory barley breeding in pre-war Syria [J]. NJAS - Wageningen Journal of Life Sciences, 81: 1-8.

Kloppenburg J, 2010. Impeding dispossession, enabling repossession: Biological open source and the recovery of seed sovereignty [J]. Journal of Agrarian Change, 10: 367-388.

Kremen C, Miles A, 2012. Ecosystem services in biologically diversified versus conventional farming systems: Benefits, externalities, and trade-offs [J]. Ecology and Society, 17 (4): 40.

Rhoades R E, Booth R H, 1982. Farmer-back-to-farmer: A model for generating acceptable agricultural technology [J]. Agricultural Administration, 11: 127-137.

Rhoades R E, Horton D E, Booth R H, 1986. Anthropologist, biological scientist and economist: The three musketeers or three stooges of farming systems research? [M] // Jones J R, Wallace B J. Social sciences and farming system research. Methodological perspectives on agricultural development. Boulder: Westview Press, 21-40.

Rollins J A, Drosse B, Mulki M A, Grando S, Baum M, Singh M, Ceccarelli S, von Korff M. 2013. Variation at the vernalisation genes Vrn-H_1 and Vrn-H_2 determines growth and yield stability in barley (Hordeum vulgare) grown under dryland conditions in Syria [J]. Theoretical and Applied Genetics, 126: 2803-2824.

农民和育种家的合作研究：以西非高粱育种为例

□ 伊娃·魏茨恩　弗莱德·拉通德　马姆罗·西德比
科斯滕·冯·布洛克　阿卜杜拉耶·迪亚洛
贝蒂娜·豪斯曼　博卡·迪亚洛　巴罗·奈比
阿布巴卡尔·图雷　安佳·克里斯廷克

1　引言

高粱在西非广泛种植，其农业生态条件极为广泛，农民的种植目标也各不相同。农民利用并控制高粱的品种多样性，以优化其家庭生产力，最大限度地降低风险（Haussmann, et al., 2012）。西非农民对这些高粱品种有深入了解，因此需要农民和研究人员合作，以促进品种培育。育种活动包括设置优先序、培育新特性、鉴定和测试试验品种，与农民组织合作建立本地种子系统，比如马里的种子生产合作社（Coprosem）和谷物生产者联合会（ULPC）、布基纳法索的农民组织等（vom Brocke, et al., 2010）。

参与高粱育种的人员来自马里的国家农村研究所、布基纳法索的环境与农业研究所、法国国际农业研究中心、国际半干旱和热带作物研究所。

本章将描述育种过程中每个步骤的协作活动,之后简要介绍政策影响和结论。

2　确定育种计划的优先序

优先序的确定包括对农民生产限制的预测和对偏好的理解,同时将性别因素考虑在内。在马里,高粱育种的重点是开发新的开放授粉品种,使其具备更高的产量和更好的生长条件适应能力(Siart,2008;Clerget,et al.,2008;Leiser,et al.,2012;Rattunde,et al.,2018)。粮食品质应该适合储存、加工和食用(Isaacs,et al.,2018;Weltzien,et al.,2018)。此外,全谷物中铁(Fe)的浓度应不低于当地对照品种 Tieblé(最初的登记名称是 SM335)的阈值。

3　培育新特性作为育种基础

高粱研究小组强调利用当地几内亚种的高粱种质资源,为满足农民的多样化需求和食物品质提供了强有力的保障基础

（Weltzien，et al.，2018）。为了增强变异、提高产量，外来种质（主要是万年青种）以大约 12％的速度变异。为了达到这一目的，我们与农民合作，使用单回交产生的基因渗入并反复选择改良种群。

我们使用农民喜爱的几内亚种作为轮回亲本，创造了回交子代。基于澳大利亚的经验，我们使用了几个外来的亲本（Jordan，et al.，2011）。农民非常乐于在这些 BC1 亚种群中选择，因为穗、谷粒和颖片性状、多样性均符合他们的接受水平。

为改善种群的轮回选择由多亲本杂交产生，它是一个循环过程，利用雄性不育系，通过对不同亲本的重复组合，产生新的基因组合。在每个周期中，更好的后代被挑选出来，然后相互杂交，形成下一个种群。针对目标性状表现优异的后代所产生的频率大大增加，同时保留了遗传变异以供进一步选择。

农民和育种家的合作，随时间推移、种群的不断改善而发展（表1）。通过种群种植和单株植物选择，农民从种群中获得新的后代，这些后代进入育种家的项目，用以品种开发或进入下一轮选择。农民经常能发现被育种家忽略的差异，而这有助于扩大育种计划的规模，并将有限的资源集中在农民更容易接受的作物类型上。农民保留每一穗的一半种子，并将另一半交给育种家。

表 1　马里的高粱轮回选择方案[Weltzien, et al., 2019]

年次	播种材料及主要步骤	农民采取的活动	育种家采取的活动
第 1 年	利用随机交配的 S_0 种群（3～10 000 株/田）衍生新的后代	在偏远的田间播种，稀薄到单株，在开花时标记雄性可育作物，选择合适的雄性可育穗以获得 S_1 品系	
第 2 年	S_1 代（500～750 个）评估	谷物期望值现场评分、穗重评估、S_1 试验的脱粒性评分；促成幼穗选择以获得 S_2 品系；经验丰富的妇女为谷物品质打分	管理 S_1 后代试验，评估成熟度、抗病性、产量和总体评估。根据农民和育种家的观察指数选择后代进一步测试。S_1 育苗，以获得 S_2 品系
第 3 年	S_2 后代（约 125 个），用于第二阶段的测试和选择	对谷物和穗的适应性、脱粒性进行评分；在 S_2 试验中标记所需的后代；促成穗型选择，以获得 S_3 品系用于农家测试	管理 S_2 后代试验，评估成熟度、抗病性、产量和总体评估；创建选择指数以选择最佳后代进行重组；S_2 育苗，以获取 S_3 品系用于培育品系或品种；单独种植剩余的 S_1 种子，以初始随机组配并增加雄性不育基因的频率；仅采集不孕植株的种子
第 4 年	利用 S_0（大约 30 个）衍生的 S_1 后代进行随机组配	根据形状、谷粒及颖片性状选择理想的穗型	将所选子代的剩余 S_1 种子单独播种，与第一次随机组配后从不育植株上采集的种子交替播种。标记雄性不育和雄性可育的植株，选择理想的不育植物的圆锥花序和主体进入下一个周期

农民还评估试验站和农家试验中的后代植株。在观察圆锥花序方面具有特殊专长的农民，在收获关键性状（如和脱粒有关的性状）之前，会对数百个地块评分。收获后，妇女通过目测来评估谷物的适应性和硬度，以判断后代谷物的品质。这些农民因贡献自己的专业知识而获得报酬。农民还自愿参与种群后代的评估试验，他们给更理想的后代贴上标签，然后讨论观察到的新材料的优缺点。

4 选择隔离材料

这一阶段中，在几个世代之间选择的过程就如同通过漏斗过滤掉总体的遗传多样性，只关注数量有限的子代或亚群，从而实现育种目标。育种计划研究人员努力运用他们对农民需求及偏好变化的理解，为接下来的选择阶段确定育种策略。

如前所述，农民对后代的评估已成为育种计划不可或缺的组成部分，有助于选择最终的后代以培育试验品种。农民种植30~50个早期后代，之后根据自身的标准和种植条件在这些隔离材料中做出选择。

基于农家试验的粮食产量对于低投入条件下实现农民田间增产的效用受到质疑（Bänzinger，Cooper，2001）。高粱试验团队由34名农民组成，他们使用一组150个S_2/S_3子代和一组包含50个子代的子集，每个农民测试两个常见的重复对照品种，测试农场初期产量的可行性。农民种植单行的地块，以便播种。利用农家选择试验或试验站的综合结果来选择子代，并在随后的几年里通过一系列重复的田间试验来测试产量表现。尽管在各种农家选择试验中，农民的管理实践和田间条件差异很大，但事实证明，早期的田间产量试验是有效的（Rattunde，et al.，2016）。

5　测试试验品种

5.1　粮食产量表现和适应性评估

在测试阶段，农民与研究人员的合作主要涉及两个目标：一是共同评估品种的优缺点；二是在新品种的优先目标范围内，评估谷物在各种生长条件下的产量及其稳定性（Rattunde，et al.，2013；Weltzien，et al.，2006a，2008）。

研究团队开发了一个系统，让农民（有时请村里的协作者帮助）对已确定的一系列优先性状进行评分，包括生长时间、当地条件适应性、穗型鉴定、总体鉴定（Weltzien，et al.，2006a）。研究人员协助农民测量粮食产量和产量组成，所有记载观察数据的工作记录本都由参加试验的农民保管，研究人员保存一份复印件用于数据分析。

在每个试点村，研究人员组织农民参观，在收获前评估试验（Weltzien，et al.，2006a）。农民选择 3 个最重要的标准，以小组为单位对品种差异进行评分（vom Brocke，et al.，2010），记录分数的技术人员指出某些品种得分特别高或特别低的原因。两项独立的试验中，每一项涵盖 16 个品种（区分高、矮品种），每个试验重复两次。我们采用了阿尔法格设计（alpha lattice design），设置 4 个地块，其中每个地块包含 2 个子区块。在所有试验中都使用了一种常见的地方对照品种 Tieblé。这两项试验分别由 2 名农民在 10～12 个村庄和 2～3 个试验站进行。根据农民和研究人员多年观察的品种表现，每组试验品种都测试 2 年。所有的试验品种都被赋予容易记住的简短的本地名称，但没有任何暗示意义，只是方便农民讨论和反馈。育种家对比分析个体试验和联合试验，将研究结果提交给农民，供他们讨论和选择收获后测试谷物品质的条目，包括村级的感官评估，以及第二阶段完全由农民管理的田间测试。因此，可以收集大量不同环境下试验品种的产量表现和农民评估的可靠数据（Kante，et al.，2017；Rattunde，et al.，2013）。

5.2 收获后的品质评估

粮食品质、储藏和食品加工属性对品种的采用至关重要，因此每个参与试验的村庄在收获后均要评估加工性状和烹饪特性。农民根据田间试验结果，评估挑选出 4 个试验品种。在这些评估中，妇女团队以定性和定量方法测定品种差异，了解各种过程的难易程度、所需时间、脱皮损失、稀饭（当地的一种主食）的面粉粒度比和膨胀潜力（也就是吸水能力）（Isaacs，et al.，2018）。一个由男女村民组成的味觉测试小组评估食物的颜色、味道、稠度。

这些食物品质评估为评价营养品质，特别是为将铁（Fe）浓度作为一种可能的选择标准提供了切入点。研究团队首先评估了烹饪试验期间测得铁浓度的方法。由于当地村民仅食用脱皮的高粱谷物，我们最初将重点放在脱皮谷物的铁元素分析上。我们发现，脱皮谷物（用研钵和杵将籽粒外果皮去除的谷物）中铁的浓度存在显著的遗传变异，而这些变化不能完全用脱皮产量（脱皮过程中从谷物中去除的干物质量）来解释。此外，我们还观察到，在脱皮过程中，谷物中约有 50% 的铁被去除。

之后，研究团队的营养学家与参加烹饪测试和品种试验的妇女团体合作，测试了用全高粱谷物浸泡一夜并通过机器碾磨，制成面粉后再制作食品产生了令人满意的产品。因此，研究团队将高铁浓度的育种工作限制在监测活动上，以确保新品种铁浓度不会下降。研究团队还重点鉴定了那些铁浓度比当地对照品种高得多的品种。他们投入了更多的精力来制订针对妇女的培训计划，并与妇女团体合作，以了解全谷物面粉的营养优势，以及使用当地食材为儿童提供充足营养的其他选择（Bauchspies，et al.，2017）。

5.3　在完全由农民管理的条件下测试品种

第二阶段试验主要是为更多农民提供在自己的田地和管理条件下评估品种的机会（Weltzien，et al.，2006a）。测试程序提供了另外一种选择，即将田地分割，只给其中一半地块施肥，这样农民就可以评估每个品种在施肥和不施肥情况下的表现。在 4 个或 4 个以上的村庄开展适应性试验，农民需要针对试验的具体目标达成共识，如找到性状优良的品种（即使感染寄生性杂草）、晚播或早播、除草多少、特定间作情况等。由于这些试验的需求非常高，几年来，试验只在那些至少有 4 位妇女参加了多次试验的村庄开展。试验设计包含 3～6 个品种，其中包括广泛种植的一种常见的本地品种。农民自己或在协作者的帮助下记录他们的观察结果，每组农民共同讨论和记录他们的品种选择。研究人员观摩了一些试验，帮助农民特别是妇女测量收获和地块产量。从工作记录中获取的这些产量数据，包括杂交品种和改良的开放授粉品种的相对表现、市场潜力、投入补偿能力等，还包括不同环境下与农家种相比对肥料的消耗程度，可用于整体评估（Weltzien, et al., 2018）。

🔲 6　与农民组织合作发展种子系统

尽管通过上述过程确定了几个品种，并在国家品种目录中登记注册，但是新鉴定品种的种子在开展田间试验的村庄传播非常缓慢，而向周围村庄的传播更慢。在马里，实际上不存在高粱等主要粮食作物的商业化种子系统。此外，受文化规范制约，农民在很大程度上不能接受向他人购买或出售种子。另外，2008 年，西非国家经济共同体（Economic Community of West African States，ECOWAS）颁布了区域性种子立法，而马里作为该共同体的一个成员国，其种子传播受到进一步限制和阻碍。根据该法，品种登记和种子认证是强制性要求。实际上，对国家和区域各级今后的执行方式及农民种子销售的前景来说，还存在广泛的不安全感。

然而，某些农民和农民组织有兴趣参与开展合作，推动更大规模的种子生产，这符合新兴的种子销售规则。在育种人员和研究人员的培训和支持下，有几拨农民开始生产试验中确定的首选品种。这些团体包括一个非常小的合作社 Coprosem，这家合作社仅由 8 位农民组成，每年生产不足 10 公顷的种子（Dalohoun，et al.，2011）。此外，还包括一个非常大的农民合作社联盟（ULPC），这家农民合作社联盟主要从事谷物的共同销售，并对成员的高产品种感兴趣。生产品种由单个农民和种子生产小组选定，前一季的试验结果和在年度规划会议上的讨论被用来拟订用于制种的品种清单。IER 和 ICRISAT 高粱育种项目为参与制种的农民提供商业化制种培训和认证。

此后，农民种子生产合作社的数量及其生产和销售的种子数量不断增长，使得这些合作社在几个西非国家的种子系统中成为重要的"新参与者"（Christinck，et al.，2014）。由于每家合作社都可以根据成员的喜好和需要，自行决定从育种计划中生产的品种，因此该系统可以应对多种农业生态和社会经济条件。种子生产和销售是合作社集体活动的一部分，因此服务于"共同利益"。由于这个原因，个体农民从事种子生产和销售或购买特定品种的种子，已经变得更容易被接受。

7 政策影响

国际半干旱和热带作物研究所、国家研究机构和农民组织的合作育种计划有助于实现粮食安全和营养、农业和粮食系统、气候变化的适应力的总体目标，而这些目标构成了国际、国家和区域政策的一部分。

这一方法还可作为实现《粮食与农业植物遗传资源国际条约》（ITPGRFA）第九条关于农民权利规定的一个案例。通过多种形式的群体和知识交流活动，农民的传统知识得到了加强和积极利用。他们通过获取满足偏好和需求的更多样的品种，以及通过参与种子生产、加工和销售有关的创收活动，参与分享利用植物遗传资源所产生的利益。农民和农民组织正式参与国家决策，如为设定国家育种计划的优先级做出贡献。由于合法生产和销售种子的权利得到强化，农民拥有更为广泛的保存、使用、交换和出售种子的权利。由于国家和国际育种项目培育的品种不受知识产权保护，农民可以继续将新培育品种保存起来供自己使用，而不受任何法律限制。

8 结论

提高农民和育种家的能力和技能，有助于实现育种遗传资源改进目标。当然，每一个与农民、研究人员合作的协调项目都对共同学习、农民导向的育种起到促进作用。长期开展的农民与育种者的合作模式，对于实现变革具有如下重要优势：

- 系统了解农民需求和条件，让改变育种计划的设计和活动成为可能；

- 建立协同作用，分担大规模育种的责任；

- 尽管资源有限，环境和社会经济环境也很复杂，但分散化的育种设计有助于获得理想的遗传结果；

- 农民和育种者之间的持续合作为实现总体目标做出了明显贡献，如：

  ── 了解和培育能够抵御气候变化风险的性状，以增强粮食安全（Haussmann，et al.，2012；Weltzien，et al.，2006b），在土壤肥力和农民投入管理较少的情况下实现增产（Kante，et al.，2017；Leiser，et al.，2015，2012；Rattunde，et al.，2013）。这有助于减少农民购买高粱谷物作为食物的比例，同时增加他们出售种子所获收益的比例（Smale，et al.，2018）；

  ── 有利于改善营养状况，对于普遍缺乏微量元素的西非妇女和儿童来说尤为重要（Bauchspies，et al.，2017；Christinck，Weltzien，2013）。这包括了解妇女用她们生产的谷物为儿童准备膳食的做法，以及选择透明质谷物和减少脱皮过程中微量营养素的损失，使生物强化品种的好处惠及弱势群体（特别是儿童）；

— 赋权农民：根据学习和获得的新方法，农民可以自行开展各自的品种、作物系统试验，甚至实践种子销售方法，增强农民和农民合作社在种子方面的沟通和交流（Weltzien，et al.，2018），帮助他们成为品种培育和传播的共同所有者；

— 保护与可持续利用农业生物多样性：方法是在育种项目中广泛利用当地种质资源，通过分散的品种开发、制种和分发系统，为农民提供更广泛的品种类型。这种方法涉及不同类型的农民，并在不同的农业生态区之间做出反应（Weltzien，et al.，2018）。

9 致谢

我们对不同农民组织成员、村民协作者和技术人员表示衷心感谢，感谢他们的付出、好奇心、热情好客以及与我们开展的许多坦率和公开的讨论。我们感谢这项研究的资助者：麦克奈特基金会作物合作研究项目、德国联邦经济合作与发展部/德国国际合作机构、国际农业发展基金、欧盟、洛克菲勒基金会、比尔及梅林达·盖茨基金会和美国国际开发署。

参 考 文 献

Access to Seeds Foundation, 2018. The rise of the seed-producing cooperative in Western and Central Africa [R]. Access to Seeds Foundation, Amsterdam, The Netherlands.

Ashby J A, 1990. Evaluating technology with farmers a handbook [R]. CIAT, Cali, Colombia.

Atlin G N, Cooper, M, Bjornstad A, 2001. A comparison of formal and participatory breeding approaches using selection theory [J]. Euphytica, 122: 463-475.

Bänzinger M, Cooper M, 2001. Breeding for low input conditions and consequences for participatory plant breeding: Examples from tropical maize and wheat [J]. Euphytica, 122: 503-519.

Bauchspies W K, Diarra F, Rattunde F, Weltzien E, 2017. "An Be Jigi": Collective cooking, whole grains, and technology transfer in Mali [J]. FACETS, 2: 955-968.

Christinck A, Diarra M, Horneber G, 2014. Innovations in seed systems: Lessons from the CCRP-funded project "Sustaining Farmer-managed Seed Initiatives in Mali, Niger and Burkina Faso" [EB/OL]. http://www. ccrp. org/wp-contednt/uploads/2020/06/CCRP _ SeedSystems _ Nov 2014. pdf.

Christinck A, Weltzien E, 2013. Plant breeding for nutrition-sensitive agriculture: An appraisal of developments in plant breeding [J/OL]. Food Security, 5: 693-707. https://doi. org/10. 1007/s12571-013-0288-2.

Christinck A, Weltzien E, Hoffmann V, 2005. Setting breeding objectives and developing seed systems with farmers. A handbook for practical use in participatory plant breeding projects [M]. Magraf Publishers and CTA, Weikersheim, Germany and Wageningen, The Netherlands.

Clerget B, Dingkuhn M, Goze E, Rattunde H F W, Ney B, 2008. Variability of phyllochron, plastochron and rate of increase in height in photoperiod-sensitive sorghum varieties [J]. Annals of Botany, 101: 579-594. https: //doi. org/10. 1093/aob/mcm327.

Coulibaly H, Didier B, Sidibé A, Abrami G, 2008. Les systèmes d'approvisionnement en semences de mils et sorghos au Mali: Production, diffusion et conservation des variétés en milieu paysan [J]. Cahiers Agricultures, 17: 199-209.

Dalohoun D N, van Mele P, Weltzien E, Diallo D, Guinda H, vom Brocke K, 2011. Mali : When government gives entrepreneurs room to grow [M] // Paul van Mele, Jeffery W Bentley, Robert G Guéi. African seed enterprises. Sowing the seeds of food security. FAO and Africa Rice, 56-88.

Haussmann B I G, Rattunde F, Weltzien-Rattunde E, Traoré P S C, vom Brocke K, Parzies H K, 2012. Breeding strategies for adaptation of pearl millet and sorghum to climate variability and change in West Africa [J]. Journal of Agronomy and Crop Science, 198: 327-339. https: // doi. org/10. 1111/j. 1439-037X. 2012. 00526. x.

Isaacs K, Weltzien E, Diallo C, Sidibé M, Diallo B, Rattunde F, 2018. Farmer engagement in culinary testing and grain-quality evaluations provides crucial information for sorghum breeding strategies in Mali [M] // Tufan H A, Grando S, Meola C. State of the knowledge for gender in breeding: Case studies for Practitioners. Lima, Peru, 74-85.

CGIAR Gender and Breeding Initiative. Working Paper. No. 3. http：//hdl. handle. net/10568/92819.

Jordan D R，Mace E S，Cruickshank A W，Hunt C H，Henzell R G，2011. Exploring and exploiting genetic variation from unadapted sorghum germplasm in a breeding program ［J］. Crop Science，51：1444. https：//doi. org/10. 2135/cropsci2010. 06. 0326.

Kante，M，Oboko，R，Chepken，C，2017. Influence of perception and quality of ICT-based agricultural input information on use of ICTs by farmers in developing countries：Case of Sikasso in Mali ［J/OL］. The Electronic Journal of Information Systems in Developing Countries，83：1-21. https：//doi. org/10. 1002/j. 1681-4835. 2017. tb00617. x.

Kountche B A，Hash C T，Dodo H，Laoualy O，Sanogo M D，Timbeli A，Vigourou Y，This D，Nijkamp R，Haussmann B I G，2013. Development of a pearl millet Striga-resistant genepool：Response to five cycles of recurrent selection under Striga-infested field conditions in West Africa ［J］. Field Crops Research，154：82-90. http：//dx. doi. org/10. 1016/j. fcr. 2013. 07. 008.

Leiser W L，Rattunde H F W，Piepho H P，Weltzien E，Diallo A，Melchinger A E，Parzies H K，Haussmann B I G，2012. Selection strategy for sorghum targeting phosphorus-limited environments in West Africa：Analysis of multi-environment experiments ［J］. Crop Science，52：2517-2527. https：//doi. org/10. 2135/cropsci2012. 02. 0139.

Leiser W L，Rattunde H F W，Weltzien E，Haussmann B I G，2014. Phosphorus uptake and use efficiency of diverse West and Central African sorghum genotypes under field conditions in Mali ［J］. Plant and Soil，377：383-394. https：//doi. org/10. 1007/s11104-013-1978-4.

Leiser W L，Weltzien-Rattunde H F，Weltzien-Rattunde E，Haussmann B I G，2018. Sorghum tolerance to low-phosphorus soil conditions [M] // Achieving sustainable cultivation of sorghum：Genetics，breeding and production techniques. Burleigh Dodds Series in Agricultural Science. Burleigh Dodds Science Publishing，247-272. https：//doi. org/10. 19103/AS. 2017. 0015. 30.

Leiser W，Rattunde F，Piepho H P，Weltzien E，Diallo A，Touré A，Haussmann B，2015. Phosphorous efficiency and tolerance traits for selection of sorghum for performance in phosphorous-limited environments [J]. Crop Science，55：1-11. https：//doi. org/10. 2135/cropsci2014. 05. 0392.

Quirós C A，Gracia T，Ashby J A，1991. Farmer evaluations of technology：Methodology for open-ended evaluation [R]. IPRA：CIAT，Cali，Colombia.

Ragot M，Bonierbale M，Weltzien E，2018. From market demand to breeding decisions：A framework [R]. CGIAR Gender and Breeding Initiative Working Paper 2. Lima (Peru)：CGIAR Gender and Breeding Initiative. http：//hdl. handle. net/10568/91275.

Rattunde F，Sidibé M，Diallo B，van den Broek E，Somé H，vom Brocke K，Diallo A，Nebie B，Touré A，Isaacs K，Weltzien E，2018. Involving women farmers in variety evaluations of a "men's crop"：Consequences for the sorghum breeding strategy and farmer empowerment in Mali [M] // Tufan H A，Grando S，Meola C. State of the knowledge for gender in breeding：Case studies for practitioners. Lima，Peru，95-107. CGIAR Gender and Breeding Initiative. Working Paper. No. 3. http：//hdl. handle. net/10568/92819.

Rattunde H F W, Michel S, Leiser W L, Piepho H P, Diallo C, vom Brocke K, Haussmann B I G, Weltzien E, 2016. Farmer participatory early-generation yield testing of sorghum in West Africa: Possibilities to optimize genetic gains for yield in farmers' fields [J]. Crop Science, 56: 1-13. https://doi.org/10.2135/cropsci2015.12.0758.

Rattunde H F W, Weltzien E, Bramel-Cox P J, Kofoid K, Hash C T, Schipprack W, Stenhouse J W, Presterl T, 1997. Population improvement of pearl millet and sorghum: Current research, impact and issues for implementation [R]. Proceedings of the International Conference on Genetic Improvement of Sorghum and Pearl Millet. Lubbock, Texas USA, 188-212.

Siart S, 2008. Strengthening local seed systems: Options for enhancing diffusion of varietal diversity of sorghum in Southern Mali [R]. University of Hohenheim, Stuttgart, Germany.

Smale M, Assima A, Kergna A, Thériault V, Weltzien E, 2018. Farm family effects of adopting improved and hybrid sorghum seed in the Sudan Savanna of West Africa [J]. Food Policy, 74: 162-171. https://doi.org/10.1016/j.foodpol.2018.01.001.

Smale M, Kernga A, Assima A, Weltzien E, Rattunde F, 2014. An overview and economic assessment of sorghum improvement in Mali [R]. Michigan State University International Development Working Paper.

vom Brocke K, Trouche G, Weltzien E, Barro-Kondombo C P, Gozé E, Chantereau J, 2010. Participatory variety development for sorghum in Burkina Faso: Farmers' selection and farmers' criteria [J]. Field Crops Research, 119: 183-194. https://doi.org/10.1016/j.fcr.2010.07.005.

vom Brocke K, Trouche G, Weltzien E, Kondombo-Barro C P, Sidibé A,

Zougmoré R, Gozé E, 2014. Helping farmers adapt to climate and crop-ping system change through increased access to sorghum genetic re-sources adapted to prevalent sorghum cropping systems in Burkina Faso [J]. Experimental Agriculture, 50: 284-305. https://doi.org/10.1017/S0014479713000616.

Weltzien E, Christinck A, 2008. Participatory plant breeding: Developing improved and relevant crop varieties with farmers [M] // Snapp S, Pound B. Agricultural systems: Agroecology and rural innovation for development. Academic Press, Burlingont, M A, USA and London UK, 211-251.

Weltzien E, Christinck A, Touré A, Rattunde F, Diarra M, Sangare A, Coulibaly M, 2006a. Enhancing farmers' access to sorghum varieties through scaling-up participatory plant breeding in Mali, West Africa [M] // Almekinders C, Hardon J. Bringing farmers back into breed-ing. Experiences with participatory plant breding and challenges for in-stitutionalisation, Agromisa. Agromisa Foundation, Wageningen, Nether-lands, 58-69.

Weltzien E, Kanouté M, Toure A, Rattunde F, Diallo B, Sissoko I, Sangaré A, Siart S, 2008. Sélection participative des variétés de sorgho à l'aide d'essais multilocaux dans deux zones cibles [J]. Cahiers Agri-cultures, 17: 134-139.

Weltzien E, Rattunde H F W, Clerget B, Siart S, Touré A, Sagnard F, 2006b. Sorghum diversity and adaptation to drought in West Africa [M] // Jarvis D, Mar I, Sears L. Enhancing the use of crop genetic di-versity to manage abiotic stress in agricultural production systems. IP-GRI, Rome, Italy, Budapest, Hungary, 31-38.

Weltzien E, Rattunde H F W, Sidibe M, vom Borcke K, Diallo A, Hauss-mann B, Diallo B, Nebie B, Toure A, Christinck A, 2019. Long-term collaboration between farmer organizations and plant breeding programs: Cases of sorghum and pearl millet in West Africa [M] // Westengen O W Tone. State of the art of participatory plant breeding. Routlegde, Oxon, UK, 29-48.

Weltzien E, Rattunde H F W, van Mourik T A, Ajeigbe H A, 2018. Sorghum cultivation and improvement in West and Central Africa [M] // Achieving sustainable cultivation of sorghum: Sorghum utilization around the world. Burleigh Dodds Science Publishing, Cambridge, UK, 380.

Yapi A M, Kergna A O, Debrah S K, Sidibe A, Sanogo O, 2000. Analysis of the economic impact of sorghum and millet research in Mali, Impact Series [R]. International Crops Research Institute for the Semi-arid Tropics, Patancheru, Andhra Pradesh, India.

□ 希尔顿·姆波齐　约瑟夫·穆松加　帕特里克·卡萨萨

1 引言

社区技术发展组织（Community Technology Development Organization，CTDO）成立于 1993 年，是一个总部位于哈拉雷的社会组织。自成立以来，该机构不断发展壮大，目前在津巴布韦和赞比亚设有办事处，员工总数超过 90 人。其任务是本着男女平等、以人为本的方法，通过研究、技术创新、技术包装、传播、政策宣传、游说、知识管理，提升农户的生计能力，以实现边缘社区的减贫与可持续发展。该机构围绕粮食安全、环境、农业生物多样性、政策宣传四个主题开展工作。社区技术发展组织是非洲和全球社区种子库的先驱，于 1996 年建立了第一个社区种子库，通过访问以下网址 http://www.ctdt.co.zw 可获取更多信息。

自 2014 年以来，社区技术发展组织与合作伙伴荷兰乐施会（Oxfam Novib）在瑞典发展署的资助下，建立了150多所农民田间学校（CTDO，2019）。资金通过荷兰乐施会管理的"播种多样性＝收获安全"（SD＝HS）项目提供。建立农民田间学校的主要目的是加强农民在作物育种中的作用，拓宽作物的遗传基础，使农民能够获得具有优先性状的多种作物品种。农民主要种植高粱、珍珠粟、花生和玉米4种重要作物。

植物遗传多样性为不断变化的社会经济现实和农业生态条件提供了适应能力。农民田间学校和植物遗传资源为农民学习并强化参与作物改良提供了条件。地方知识、本土知识与现代化的知识体系相结合，使品种的就地改良更加有效。

2 研究方法

农民利用参与式选育种和参与式品种改良来实现育种目标。通过农民田间学校，农民可以从其他社区、研究所、国家和国际基因库乃至国际农业研究磋商组织获得"新"作物和品种多样性。这些机构与社区技术发展组织一道为农民田间学校提供技术支持。在一个又一个试验周期之后，农民将表现最好的品种储存在社区种子库中。优选品种经由以下系列试验选出：

- 种子田：根据农民决定的标准（如早熟，为适应气候条件的变化，农民对早熟的要求越来越高），种植社区失去的或新引进的品种，并评估性状。国家基因库在恢复消失的作物方面发挥着关键作用，已送回 100 多批关键作物，包括豇豆、小米、花生、珍珠粟、鸽豆和高粱。

- 参与式选种：开放授粉品种、杂交种的隔离和稳定品系、品种的分布。如开放授粉的玉米品种、珍珠粟、谷子（鲁欣加）、花生和高粱等。

- 参与式品种改良：农民种植的所有品种和适应当地的现代品种。

- 参与式育种：农民故意杂交产生新的多样性。迄今，已经发放了 2 个新品种作为参与式育种的品种，尽管它们还没有在农民或社区登记注册。

□ 3　合作关系

社区技术发展组织的运作方式是通过联合规划、实施、监测和评估，与其他利益相关方建立强有力的合作关系。合作伙伴，包括社区组织、区议会、政府部门（如负责青年或妇女的部门）、议会成员、部长和其他主要政府决策者、国家农业推广服务中心（AGRITEX）、国家基因库、育种研究所、大学、国际农业研究组织（国际热带农业中心、国际玉米和小麦改良中心、国际半干旱和热带作物研究所），为一个共同的目标而努力，即改善农民的生计，促进种子和粮食安全。

自 2015 年以来，SD＝HS 项目通过与国家育种计划、国际半干旱和热带作物研究所（ICRISAT）、国际玉米和小麦改良中心（CIMMYT）合作，成功引入了大量育种材料。例如，2016—2017 年度，农民田间学校从国际玉米和小麦改良中心获得 33 个玉米品种，从国际半干旱和热带作物研究所获得 7 个高粱品种。2017—2018 年度，国际半干旱和热带作物研究所为 4 所农民田间学校提供了 18 个种群（F₃）的珍珠粟，高粱作物育种研究所（CBI）为参与式育种提供了 18 个隔离种群和 9 个成熟品系，或同时提供了高粱和珍珠粟。2018—2019 年度，农民田间学校从以上这些机构获得了 70 多种育种材料，农民可以从这些引进的品系中选择满足当地需求的品系；从国家基因库、农业部专家服务司等机构以及其他社区或同一社区内的农民外，调回了 2 个高粱品种。

🔲 4　参与式育种的成果

　　社区技术发展组织的作物改良方法正在改变津巴布韦的传统育种方法。"四象限"等工具的使用为农民培育新品种开辟了新途径，打开了新思路。如农民可以根据最喜欢的性状来设定育种目标，通过筛选让品种更适应当地的农业生态条件。农民田间学校设定的目标有 70% 以上集中于耐旱、早熟和高产。农作物育种变得越来越受需求驱动，而这正是农民田间学校方法的直接结果。对农民而言，参与式育种是一个非常有效的工具，因为农民是这项研究的主导者；同时，它也是倡导更多以农民为中心的农业政策和法律的好工具。

通过农民田间学校，小农户定期与农业部作物育种研究所的科学家、育种人员互动，以便评估高粱和珍珠粟的稳定性状。迄今，作物育种研究所已根据参与式育种流程发放了PMV4和PMV5 2个珍珠粟品种。

农民选择性状最好的育种材料，开始在自己的土地上生产。同样重要的是，该方案在利用参与式品种改良恢复玉米（garabha）、谷子（nyati）、高粱（gokwe，cimezela）和花生（kasawaya）共5个受欢迎的品种方面取得了重大进展。每个家庭的作物多样性也从平均5个品种增加到了8个品种。

作物改良工作两例（罗尼·魏努力等，2019）

- 奇姆科科（Chimukoko）农民田间学校正在开展珍珠粟研究项目。育种研究所提供了16个隔离种群，国际半干旱和热带作物研究所提供了F₃。育种目标设定为早熟、穗大、粒大。2017—2018年度开始选种，写作此文时，正在进行第2季，农民根据育种目标选择了最佳性状的作物。

- 巴塔奈（Batanai）农民田间学校的一个由15位妇女、3位男性构成的小组已进入第3年运作期，这个小组从其中一位成员的种子选育开始。当地一个高粱品种（gokwe）极为常见，已经种植了20多年，但性状一直未提高，单产较低且越来越容易染病。小组设定了以下育种目标：大个头（对产量有影响）、耐旱、抗病虫害、早熟（避开日益频发的干旱）、易加工。在2017—2018 年的 3 个种植季，农民田间学校成员一直在挑选和收获那些个头较大、90 天内就能成熟的高粱，该文写作时，他们处于选择高粱品种的收尾之年。之后，他们将在社区繁育、分发种子。农民田间学校成员在尼亚马罗扎（Nyamarodza）社区种子库中保存了这一高粱品种以及许多其他品种的种子。

5 其他行动研究成果

20 世纪 90 年代，社区技术发展组织推动了农民的种子生产和分配，但最初的尝试并不十分成功。直到 1999 年乌祖巴·马拉穆巴·庞维（UMP）建立了第一个社区种子库后才做了更加系统的工作，借助所谓的聚类方法，通过农民田间学校进一步完善。在这种方法中，农民负责在 0.2～0.6 公顷的土地上生产 1～4 种作物种子。目前，农作物包括班巴拉坚果、豇豆、花生、珍珠粟、谷子、玉米（开放授粉品种，有时是杂交品种）和高粱。在许多社区，通过这种方法生产的种子在当地通过社区种子库、种子市集和大田日来销售。社区技术发展组织和国家农业推广服务中心提供技术支持。UMP 社区种库的农民解释说，这种形式的种子生产首先具有一种社会功能，即确保每个人都能获得对小农户很重要但被大型种子公司忽视的优质作物种子。

然而，为了更大范围地扩大和发展农民主导的种子系统，社区技术发展组织与荷兰乐施会合作提出了另一项举措，即成立冠军农民种子合作公司（2016 年正式注册，2017 年启动）。冠军种子公司兼具商业和社会性质，农民既是利益相关者、生产者（基于合同），也是买方，其购买需求为优质的、获得认证的、适应性强的、高产的旱地谷物和豆类种子。截至 2018 年，公司仍受益于资助者的支持，在组织和财务的可持续性方面取得了良好的进展。在运营的前 2 年，公司生产了近 15 万吨认证种子（CTDO，2018）。

6　社会性别和妇女赋能

参与式育种研究赋予了妇女权利，她们现在可以决定种植什么、在哪里种植，更重要的是决定可以吃什么。农民田间学校的参与式育种研究中使用的"四象限"工具，已经使人们意识到哪些作物是重要的，原因是什么，以及性别偏好对作物选择的影响。就性状偏好而言，男性喜欢与产量、经济价值有关的性状，但女性通常更喜欢诸如易于加工、颜色、香气、口味较好的性状。参与式育种现在将这些性别偏好纳入考虑范围。

☐ 7　政策影响

　　农民田间学校的参与式育种研究与许多机构建立了联系，如津巴布韦土地、农业、渔业、水资源和农村发展部的作物研究部门（特别是育种研究所）、国际半干旱和热带作物研究所、国际玉米和小麦改良中心、津巴布韦国家基因库、社区种子库等。这些机构是 SD＝HS 项目中农民获取育种材料的主要来源。社区技术发展组织与津巴布韦农村部签署了谅解备忘录，并根据标准材料转让协议（Standard Material Transfer Agreement，SMTA）从国际玉米和小麦改良中心、国际半干旱和热带作物研究所获得育种材料。

　　对于津巴布韦的农民和育种者来说，参与式育种是一个相对较新的概念。以前，所有的育种权利都掌握在育种家手中，他们只会共享稳定的材料，针对选定的（或首选的）品种开展植物新品种测试，在农民的农田里设计多点试验，并将结果提交给国家品种发布委员会供其参考。随着参与式育种被引入 SD＝HS 项目，育种家的想法开始改变。他们现在看到了让农民参与隔离种群性状评估的价值所在——这种模式确保在育种的早期阶段就将农民的偏好考虑在内。农民和育种者从一开始就相互影响，农民在这种交互过程中选择并决定他们喜欢的性状，育种家认识到通过参与式育种让农民参与育种的价值。这一事实已经开始产生政策影响，相关机构在严格的条件下向在农民田间学校工作的农民提供隔离材料，让他们为育种过程做出贡献。

影响政策的另一个途径是，将储存在社区种子库的种子作为农民田间学校育种材料的第二来源。政策制定者参加种子市集时，农民田间学校的农民和社区种子库总是主张他们拥有保存、使用、交换和出售种子的权利（Mushita，et al.，2015）。参与式育种和农民田间学校的结合极有可能影响政策制定，并使其朝着有利于小农农业的方向发展。

参 考 文 献

CTDO，2018. Community technology development organisation. Annual report 2017 [R]. CTDO, Harare, Zimbabwe. http：//www. ctdt. co. zw/publications.

CTDO，2019. Community technology development trust [R]. CTDO, Harare, Zimbabwe.

Mushita A, Kasasa P, Mbozi H, 2015. Zimbabwe：The experience of the community technology development trust [M] // Vernooy R, Shrestha P, Sthapit B. Community seed banks：Origins, evolution and prospects. Routledge, Oxon, UK and New York, USA, 230-236.

Vernooy R, Netnou Nkoana N, Mokoena M, Sema R, Tjikana T, Kasasa P, Mbozi H, Mushonga J, Mushita A, 2019. "Coming together" (Batanai)：Learning from Zimbabwe's experiences with community biodiversity conservation, crop improvement and climate change adaptation [R]. Bioversity International, Rome, Italy；Department of Agriculture，Forestry and Fisheries，Pretoria，South Africa；Community Technology Development Organization，Harare，Zimbabwe. https：// cgspace. cgiar. org/handle/10568/101241.

洪都拉斯的参与式育种：
过去的成就和未来的挑战

□ 马文·戈麦兹　胡安·卡洛斯·洛萨斯

萨莉·汉弗莱　何塞·吉门内斯　保拉·奥雷拉纳

卡洛斯·阿维拉　梅里达·巴拉霍纳　弗莱迪·塞拉

▢ 1 引言

洪都拉斯农民有组织地参加农业研究、参与式育种和种子生产的历史可追溯至 1993 年。当时，在当地农学家的支持下，国际热带农业研究中心（International Center for Tropical Agriculture，CIAT）在洪都拉斯成立了首批农民研究小组或地方农业研究小组（CIAL）。过去的 25 年中，地方农业研究小组在洪都拉斯从被人遗忘的山区落地生根。截至 2018 年，全国 18 个行政区中有 8 个行政区的山区分布着 153 个地方农业研究小组。洪都拉斯的两家社会组织——参与式研究基金（Foundation for Participatory Research，FIPAH）和农村重建计划（Program for Rural Reconstruction，PRR）均由农民团队提供支持，它们与多数地方农业研究小组相互合作并向其提供支持。正规部门的育种人员，特别是来自扎莫拉诺（Zamorano）泛美农业学校的育种人员，对这些社会组织提供工作支持。他们支持豆类和玉米育种试验，宣传种子杂交和无病品系选育方面的专业知识，并定期提供技术咨询。在洪都拉斯，农民参与种子研究和生产是整个组织网络的一部分，该网络致力培养种子多样性和粮食安全的创新文化，造福该国的农村贫困人口。

2 方法

起初，地方农业研究小组成员的公开选举程序导致女性和偏远社区成员被排斥在外，因为选民倾向于把票投给传统的男性领导人。通过引入不记名投票，以及向所有有意加入该组织的人开放地方农业研究小组成员资格，地方农业研究小组变得更具包容性，能够更好地反映不同社区的目标。1997 年和 2004 年开展的影响评估研究表明，由参与式研究基金支持的成员资格已从当地精英主导、寻求从研究成果获利转变为以造福社区为导向。而且，这种转变本质上还是成员性别结构的转变，该趋势一直持续至今。据 2018 年 FIPAH 年报，尽管第一届地方农业研究小组中无一位女性，但在 2018 年，女性成员在地方农业研究小组以及参与式研究基金支持成立的区域性地方农业研究小组协会的相关组织中占到了 50.3%，同时她们还占据了 67% 的领导职位。

☐ 3　伙伴关系

20 世纪 90 年代中期，国际热带农业研究中心对 10 多家洪都拉斯的公益组织进行了地方农业研究小组培训。只有农村重建计划和参与式研究基金（后者的成立得益于国际热带农业研究中心计划）持续使用该方法，其他社会组织要么未能作为组织生存下来，要么没有坚持使用这种方法。参与式研究基金和农村重建计划均得到了加拿大社会组织种子变革（曾用名USC Canada，现已更名为 Seed Change）和世界赠与组织（World Accord）的支持。与很多洪都拉斯社会组织不同的是，他们在很长一段时期内都能获得定期拨款，这使得采用地方农业研究小组方法并及早解决问题成为可能。这两家组织因同一种方法而联合在一起，它们作为姐妹组织开展合作，彼此出席活动，彼此庆祝进步和成功。此外，它们还与扎莫拉诺泛美农业学校的育种人员开展合作。

最初，为了支持地方农业研究小组试验，扎莫拉诺泛美农业学校的育种人员提供以前发放的品种，试图从中找到可能优于农家种的类型。在坡地耕作的农民面临的首要问题是粮食安全，通常在下一季到来前的几个月，农民会因已耗尽玉米和豆类而致饥饿、负债。为了提高产量，扎莫拉诺泛美农业学校的育种人员向地方农业研究小组提供了正规的玉米和豆类品种，用来和农民的传统品种对照。大约为期 4 年的试点证明，该方法明显行不通。总体而言，在坡地条件下，科学家培育的品种表现不如农家种。也正是在这一阶段，在挪威发展基金的支持下，扎莫拉诺泛美农业学校、参与式研究基金、农村重建计划将工作重点转移到了参与式育种上来，期望通过共同努力为大多数地方农业研究小组面临的贫瘠条件寻找新品种。这三家组织之间形成的伙伴关系对推动地方农业研究小组找到解决粮食安全的集体方法起到了有益作用。

🗌 4 大豆参与式育种案例

下面将通过两个案例来总结豆类品种的演变：第一个是本地较早世代 Macuzalito 参与式育种的案例；第二个是成熟世代品种 Cedron 选择的案例，这两个案例最初发表在 *Agriculture and Food* 期刊，这里对它们做了更新。在第一个案例中，地方农业研究小组成员在参与式研究基金的支持下，确定了改良本地地方品种的标准，并列出了自己喜欢以及想要改进的特征。这些信息连同本地种子一起被送到了扎莫拉诺泛美农业学校的育种人员手中。在第二个案例中，作为扎莫拉诺泛美农业学校组织的大范围区域适应性试验和产量试验的一部分，地方农业研究小组参与了对成熟品系的评估。选择哪种方案取决于众多因素，包括地方农业研究小组管理较早世代遗传资源的能力、地方农业研究小组表达的特定的种质需求，以及参与式研究基金和扎莫拉诺泛美农业学校支持农民选种技术的能力。

4.1 马库扎利托豆（Macuzalito）品种

　　Macuzalito 是洪都拉斯发放的首个参与式育种豆类品种。它是在扎莫拉诺泛美农业学校的支持下，应地方农业研究小组成员和参与式研究基金的要求，在约里托（Yorito）周边的丘陵地区培育出来的。该品种衍生自当地种植最广泛的地方品种——康查·罗萨达（Concha Rosada）中的一种。改良后的地方品种赢得了包括地方农业研究小组成员在内的人们的广泛认可。

　　在扎莫拉诺，科学家选择了 5 个优良的品系与 Concha Rosada 杂交，寻求在保持本地品种优良特性的同时提高抗病性、产量和构造。本地品种的优良特性之一是早熟。早熟品种深受贫困农民特别是妇女的欢迎，因为它们可以比晚熟品种更早提供粮食，缩短了饥饿期（los junios）。按照农民的说法，因生长季节的原因，早熟可以让作物"避开恶劣天气（如干旱或暴雨）"。但同时农民也认识到，与晚熟品种相比，早熟品种的这一优势被低产所抵消。因此，在坡地耕作的农民通常会混种早熟和晚熟品种。

　　马库扎利托豆的培育历时 4 年，涉及来自 4 个地方农业研究小组的 53 名成员（30 位男性、23 位女性）。在最初的构想中，扎莫拉诺希望将试验集中在一个高海拔山地社区中。但为了确保适应当地条件，参与试验的 4 个地方农业研究小组决定分散种植。他们从 120 个家庭的品系（F_3）中挑选，然后种植在自己所在的社区（海拔高度在 1 350～1 650 米）。从各社区试验站中脱颖而出的十佳品种中，扎莫拉诺选出 5 个品种加上本地对照品种，随后在 4 个社区中重复试验（F_6）。在这一阶段，农民选出了 4 个繁育品种（F_7）验证试验，并最终选出了马库扎利托豆作为本地品种发放。扎莫拉诺选择的品种无一被农民选中。这反映了两个参与群体所处的环境条件差异巨大，以及农民的偏好标准与科学界通常采用的标准存在差异。最终，以该市最高点命名的马库扎利托豆在所有入围品种中表现出了最好的整体性状——较好（但不是最好）的产量、中等成熟度、中等抗病能力、良好的商业价值，并于 2004 年在约里托发放。

马库扎利托豆的姐妹品系由萨尔瓦多国家农林技术中心（Centro Nacional de Tecnologia Agropecuariay Forestal，CENTA）联合扎莫拉诺泛美农业学校于 2012 年在萨尔瓦多发放，品种名称为 Centa Cpc。然而，由于缺乏种子，马库扎利托豆于 2018 年 5 月被洪都拉斯国家多点验证试验排除在外。

4.2 塞戎豆（Cedron）品种

塞戎豆是使用 4 种科学家培育的品种双杂交的产物。它由查圭提奥（Chaguitio）的地方农业研究小组从 16 个稳定品种（F_6）中选出，这些品系是中美洲区域适应和增产试验的构成部分，由扎莫拉诺泛美农业学校在 1999 年提供给参与式研究基金，目的是让地方农业研究小组参与豆类品种选择。EAP 9508 - 93 品系因高产、抗病耐旱能力强、直立的灌木结构和对高海拔地区（1 000～1 400 米）的适应性而被地方农业研究小组成员选中。地方农业研究小组成员用当地农民种植这个品种的山坡来命名，这里也是研究地点。然而，豆子的深红色降低了其商业价值。扎莫拉诺泛美农业学校随后改进塞戎豆的颜色，提高了其销售潜力并扩大它的吸引力。塞戎豆于 2007 年在约里托发放，此后在当地和所在区域均得到广泛应用。这个品种在 5 个高海拔城市的超过 32 个社区一直呈现出高产特征。甚至在 2011—2015 年的全国性试验中，在低海拔地区也显示出了高产特征。为此，联合国粮食及农业组织（Food and Agriculture Organization of the United Nations，FAO）在因提布卡（Intibucá）和莱姆皮拉（Lempira）两个西部行政区划中广泛推广塞戎豆品种。

2014 年，塞戎豆成为国际生物多样性研究中心（Bioversity International）研发的三位对比技术（Tricot）评估中使用的 6 个参与式育种品种之一（Steinke，J.，van Etten，J.，2016）。从大多数标准来看，包括塞戎豆在内的参与式育种品种均优于正规对照品种，除活力标准，海拔和区域均无法解释任何差异。2016 年，在另一项三位对比技术评估（参选品种 9 个）中，根据产量、商业价值和烹饪标准，在全国不同地区的不同条件下，塞戎豆被 65 位农民评选为最佳品种。

2018 年，洪都拉斯在主要豆类产区的 200 个地点开展国家验证试验，塞戎豆是 5 个参与式育种品种之一，试验目的是在全国发放这些品种。但试验遭遇了某些机构的反对，此类试验的有效性也受到质疑。

上述两个案例揭示了参与式育种品种不仅有潜力满足当地

农民的需求，还有潜力满足其他地区甚至其他国家农民的需求。虽然农民的选择标准是对当地条件的反应，但在扎莫拉诺泛美农业学校的支持下，遗传改良因素已被纳入品种之中，已增强抗病性并引入可扩大地理覆盖范围的性状。育种人员多次与社会组织的合作伙伴和地方农业研究小组成员合作，通过多种方法（包括分子标记育种）来提高抗病性、改变谷物颜色等，以增强广谱适应性。在过去的 12 年中，育种人员、社会组织和农民研究团队之间持续保持这种合作关系，帮助洪都拉斯各地的坡地耕作农民源源不断地获得新的豆类品种。然而，诚如我们在下文"政策影响"一节中所讨论的那样，参与式育种品种注册、种子认证和推广在现实中遇到了阻碍。

5　社会性别分析

如前所述，女性已经成为地方农业研究小组的重要参与者，目前在成员总数中的比例稍高于 50%。考虑到洪都拉斯农业中男性从事农业活动而女性归于家庭的传统观念，这一统计数字令人惊讶。这种观念在农村占主导地位，而且国家的整体文化也明显呈现出这种特点。2004—2011 年，研究人员采用混合方法（定量、定性、生活史、参与观察）开展研究（Classen，et al.，2008；Humphries，et al.，2012），结果表明，女性参与地方农业研究小组，对她们在家庭和社区中的相对自由地位和决策作用产生了重大影响。这主要归因于女性的自信，以及由于参与地方农业研究小组而增加了其配偶对她们的信任。因此，地方农业研究小组女性成员的自由水平很有可能在调查前的 5 年中已经得到改善。与非地方农业研究小组成员女性相比，这种改善包括自由担任社区职位、从事有薪工作、参加社区外的讲习班、管理家庭财务、拜访邻居朋友、和丈夫一起务农等。同样地，地方农业研究小组女性成员被认为在关键领域拥有更多的决策权，包括销售农产品、决定作物种植种类和地点、购买家庭食品、管理家庭财务支出、与地方组织的联系（Humphries, et al., 2012）。就与地方组织的联系而言，女性成员在加入地方农业研究小组之前，仅有 50% 的人会参加 1 个组织，但是在她们加入地方农业研究小组之后，加入的组织数量平均增加到了 4 个。相比以前仅在社区中处于极端边缘化的位置，地方农业研究小组女性成员比非成员和男性成员以更高的比例积极加入组织。地方农业研究小组成员资格为成员尤其是为女性成员，提供了在社区积累社会资本的机会。她们被视为具备专业知识的领导者，也因此经常被邀请参加其他社区组织的活动。这反过来又增加了成员的自信，而且鉴于女性在当地社区以及整个洪都拉斯社会中的从属地位，它还特别增加了女性成员的自信。

6　能力建设

地方农业研究小组方法教授农民科学地使用对照比较和随

机样地（可在多个地点重复）的方法。农民学会了试验中的规划、设置、评估和分析。此顺序表现为一系列相互联系的步骤，即所谓的地方农业研究小组阶梯。洪都拉斯农村地区的教育水平很低，因此，许多地方农业研究小组成员最初在学习地方农业研究小组方法时遇到困难也就不足为奇了。女性（含地方农业研究小组女性和非地方农业研究小组女性）和非地方农业研究小组男性成员的平均小学学龄为 2～3 年，男性之间的受教育程度则有显著差异（地方农业研究小组男性成员平均是 4.03 年，非地方农业研究小组男性成员平均是 2.37 年），这表明该方法对小学学龄较长的男性更具吸引力。然而，即便在小学学龄 3 年以下的人群中，这种方法的推广也并未受阻，这要归功于协作者的支持以及他们对包容性的重视（Classen，et al.，2008）。

地方农业研究小组成员经常会谈及地方农业研究小组方法是如何影响他们生活的各个方面的。通过随机、对照比较法学习，还可以让地方农业研究小组成员更好地制定社会决策，如对比评估两个家庭的决策或提前制定计划。事实证明，后者在粮食安全领域特别重要。当一个家庭在下一季到来之前的几个月间临食物匮乏时，或者当他们为了偿还之前的贷款而被迫将大部分收成交给债主的时候，他们通常不会制定计划。农民清楚自己的收成并不足以维持一整年的生活，因此，制定计划几乎毫无意义。但是，一旦通过更好的作物管理和种子改良实现了产量提高，农户便开始按月预算粮食供应以满足全年的需求。

参与式研究基金通过开展预算活动（粮食供应和家庭开支方面），为地方农业研究小组成员提供支持。能力建设解释了地方农业研究小组成员表示自己不再像以前那样思考的原因。他们变得更有远见，以未来主义者自称，在他们看来，墨守成规者就是那种相信自己会一生潦倒、人生轨迹至死不变的宿命论者。地方农业研究小组方法让成员坚信生活历程并非一成不变。

7　政策影响

如前所述，参与式育种和种子生产方法的去中心化特点以及参与式育种固有的分散模式，挑战了种子集中管理体制的权威，受到某些部门的强烈反对。在扎莫拉诺泛美农业学校、参与式研究基金和农村重建计划的支持下，参与式育种研究获得了国际组织的资金支持。种子生产实际上绕过了由国家政府发放新种子的传统渠道。尽管农民网络（特别是地方农业研究小组区域协会和全国协会）可将种子送达全国各地的地方农业研究小组成员，但该供应链仍然限制了地方农业研究小组之外种子的发放量。同时，这还影响了种子生产者对种子价格的期望值。在全国性分发缺位的情况下，农民的种子必须作为"谷物"以低于种子的价格出售。这降低了种植者生产种子的动力。根据现行的种子法规，认证种子要求登记品种，而登记取决于此前全国性分发种子的情况，涉及全国主要豆类产区的试验结果。对于小型社会组织和地方农业研究小组而言，组织此类试验的成本显然是高昂的。

私营机构对在国内外出售参与式育种种子产生了兴趣。然而，如果没有事先做种子认证，出售将无从谈起。私营机构的兴趣催生了全国豆类协会的建立，以促进豆类的供应和销售，有助于推动区域性分发豆类品种的讨论。除了控制全国品种分发、种子登记和认证的机构，各农业政府机构均接受区域审定品种的想法。尽管历史上集中化管理限制了坡地农民获得改良种子的机会，对贫困居民的粮食安全产生了负面影响，但参与式育种因对传统的种子政策及既得利益者构成明显威胁而遭遇反对。

参 考 文 献

Classen，L，Humphries，S，Fitzsimons，J，Kaaria，S，Jimenez，J，Sierra，F，Gallardo，O，2008. Opening participatory spaces for the most marginal：Learning from collective action in the Honduran hillsides［J］. World Development，36（11）：2402-2420.

Humphries S，Classen L，Jimenez J，Gallardo O，Sierra F，Gomez M，2012. Opening cracks for the transgression of social boundaries：An evaluation of the gender impacts of farmer research teams in Honduras［J］. World Development，40（10）：2078-2095.

Members of the Association of CIALs of Honduras，Classen L，2008. Campesinos cientificos：Farmer philosophies on participatory research［M］// Louise Fortmann. Participatory research in conservation and rural livelihoods: Doing research together. Wiley-Blackwell, Chichester: Sussex, UK.

Sanginga P C, Tumwine J, Lilja N, 2006. Patterns of participation in farmers' research groups: Lessons from the highlands of Southwestern Uganda [J]. Agriculture and Human Values, 23 (4): 549-560.

Steinke, Jonathan, van Etten, Jacob, 2016. Farmer experimentation for climate adaptation with triadic comparisons of technologies (tricot) . A methodological guide [J] . Bioversity International, 5 (1) . https: // www. researchgate. net/publication/311664800.

尼泊尔参与式作物改良促进作物遗传资源保护与可持续利用

□ 潘泰巴尔·施莱萨

1 引言

尼泊尔的参与式作物改良方法包括：非正式研究与发展；参与式选种；参与式育种；基层育种或地方品种改良。在这些方法中，农民和利益相关者参与新品种开发、测试和传播的决策过程至关重要。20世纪90年代初期，尼泊尔开始采用参与式作物改良，并取得了诸多成效。1992年，地处高原的某村庄开始采用参与式作物育种，并向部分感兴趣的农民提供3个杂交的耐寒水稻品种 F_3 种群。该参与式育种项目的主要目的在于开发新的耐寒水稻品种，社区仅能提供部分地方品种。农民和研究人员在农田里经过数年选育并在国家试验站测试后，推出了一种名为"鱼尾峰3号"的水稻新品种（Joshi, et al., 1997年）。随后，参与式育种方法在低地地区的高产潜力生产体系中得到推广。因此，由国家开发、发布并登记了多种其他新水稻品种。在 20 世纪 90 年代后期，该方法应用于改善卡斯基（Kaski）和巴拉（Bara）地区地方水稻品种的保护与使用，改良了古尔米（Gulmi）地区的本地玉米品种。

另外一种品种培育方法是在农民田地里收集种质资源，在试验站评估鉴定，并由国家体系发布。实际上，这种方法的目的并非提高当地农作物本身的多样性保护和使用，而是在正式体系中引入具有潜质的地方品种。一旦此类地方品种由国家种子协会（National Seed Board，NSB）推广或登记，它们将成为改良品种。有关人员采用针对地方品种改良的系统性方法开发出一种名为 Pokhreli Jethobudho 的香米地方品种，在博卡拉山谷颇受欢迎（Gyawali，et al.，2010）。或多或少地采用相同方法后，相继出现并评估了贾帕（Jhapa）的水稻地方品种 Kalonuniya、朱姆拉（Jumla）的黍子地方品种 Rato Kodo、胡姆拉（Humla）的谷子地方品种 Dudhe Chino、多拉卡（Dolakha）的菜豆地方品种 Panhelo 和 Khairo Simi、当（Dang）的水稻地方品种 Tilki。这些品种目前均处在最终培育阶段，并且已向国家种子协会提交了部分品种的推广和登记建议。此后，一些社区种子库或基于社区的种子生产团体相继建立或强化，顺利和持续地向当地农业社区提供新培育的品种。

尼泊尔低投入农业与生物多样性研究与发展机构（LI-BIRD）采用两种参与式作物改良方法，一是使用所选的地方品种作为参与式育种杂交亲本；二是通过选育过程（又叫基层育种）改良地方品种，提高尼泊尔农作物遗传资源的保护与可持续利用。本章将详细探讨此类方法并回顾提高农作物遗传资源的保护和可持续使用所取得的成果。

2 伙伴关系

在参与式作物改良过程中，农民和科学家一直携手并肩，从最开始的育种目标设定、新开发品种登记到本地种子系统发展。在初期，农民要么单打独斗，要么抱团工作。但是，拥有能够利用参与式作物改良方法培育地方种子供应体系的当地注册的农民团体或合作社至关重要。对于 LI-BIRD 项目而言，农民和农民团体是关键参与者。类似地，携手尼泊尔国家农业研究委员会（Nepal Agricultural Research Council，NARC）下属商业项目的重要性也不言而喻，例如与参与式育种水稻有关的国家水稻研究项目（National Maize Research Programme，NRRP），与玉米相关的国家玉米研究项目（National Maize Research Programme，NMRP）等。部分基层育种工作的合作对象为尼泊尔国家基因库以及部分与农业相关的机构。源自国际生物多样性中心（Bioversity International）的技术支持以及包括英国国际发展署（DFID）、国际玉米小麦改良中心（CIMMYT）、加拿大国际发展研究中心（IDRC）、国际农业发展基金（IFAD）、联合国环境规划署全球环境基金（UNEP/GEF）、联合国社会发展委员会（SDC）和挪威发展基金（Developement Fund of Norway）在内的多家机构提供的资金为尼泊尔的参与式作物改良工作的可持续提供了大力支持。

3 参与式育种

为了启动参与式育种项目，通过小组讨论、参与式四象限分析、地方品种性状分析的严格评估，确定使用作为参与式育种亲本的最佳本地品种，育种家根据需要改良的负面性状来选择互补的亲本。此外，还界定了明确的育种目标，所选亲本杂交在试验站或由接受育种培训的人员在农田里进行。由于从杂交种获取的种子数量有限，研究人员在试验站或农田里仔细培育第一代（F_1），并完全控制整个培育过程。在第二代（F_2），向少数接受过参与式育种方法培训的感兴趣的农民提供种群。他们将观察参与式育种地块中可能出现的变异并制定后续选种步骤。一旦作物接近成熟，育种家和农民将根据上述育种目标共同选择农民优先考虑的品种。该过程重复数年之久，或者说直到获取到一些相同的、获得农民青睐的品种才告结束。

随后，研究人员测试上述相同的品种，观察不同的定性和定量特征，筛除掉一些有疾病的种子，确定其他农艺学性状，从而繁育出农民青睐的品种，以供更多农民测试和传播。在此阶段，妇女主要观察性状、烹调质量和味道等收获之后的特征。另外，评估受农民青睐的品种的市场需求，以保证这些品种不会因为较差的市场反响而受冷遇。随后，根据所有性状特点选定最佳品种，以便国家种子协会发布或登记。参与育种过程的农民、农民团体、育种家和其他利益相关者均被视为品种的所有者。随后，这些农民和农民团体制种并根据种子法的规定申请证书（即已推广或注册、预推广或注册品种的证书），满足社区以外的种子需求。

4 基层育种

启动基层育种，必须确定在当地食品安全或创收中发挥重要作用的农作物多样性。通常来说，本地多样性面临重重压力。在与社区深入探讨后，确定所选农作物的育种目标以及培育品种。然后，收集种子样本，有些时候是几个，有些时候是几百甚至更多。在收集种子样本时，维持最基本的种群以了解该种群的异质性。评估所收集的样品可能会遇到困难，相关人员会进一步评估没有或有少量问题的系列。此类筛选工作持续了2～3年。一旦确定了某些优先品种后，会对参与式育种用相同方法以定性和定量的方式评估、登记、制种和分发。

5 成果

5.1 参与式育种案例：玉米

1999年，一项由农民领导的玉米参与式育种项目在古尔米地区的中部山区启动。该地区的农民主要在梯田斜坡上种植玉米，玉米是这一片多雨地区的主要农作物。该项目的资金源自国际农业研究磋商组织关于参与式研究与性别分析的项目。在古尔米地区，农民面临玉米倒伏、叶子病变和产量低等严重问题，但是除了培育地方品种，他们并无其他选择。因此，项目的育种目标是培育出能够解决上述问题的新品种。另外，还成立了一家农民研究委员会（Farmers' Research Committee, FRC），代表达巴·德维斯坦（Darbar Devisthan）地区的农民团体莱桑噶·斯里亚希尔（Resunga Shrijanshil）以及斯米绰（Simichaur）地区的农民团体马力卡（Malika）来引导该流程。随后，这些农民团体登记为独立合作社并被视作新培育品种的所有者。为了启动这一参与式育种项目，项目组从位于奇特旺兰普尔的国家玉米研究项目获取了 1 个由 5 个随机杂交的玉米品种的 F_1 种子，组成了小种群——兰普尔复合种群（Rampur Composite）、兰普尔 1 号（Rampur 1）、杂交 9331 号（Across 9331）、纳拉亚尼（Narayani）以及兰普尔（Rampur）。上述两个村庄中的两位农民获得 F_1 种群后，经过数年混合选种，其中一个种群被确定为最佳种群并被命名为莱桑噶（Resunga）复合种群。国家种子协会推出了这个品种。莱桑噶（Resunga）是古尔米地区著名的宗教圣地，种群以这个地方命名。同时，利用本地品种塔罗·潘奈罗（Thulo Panhelo）和推广品种兰普尔复合种群（Rampur Compost）做第二次杂交。在该种群中，另一品种古尔米 2 号（Gulmi 2）被确定为最佳品种并由国家种子协会推广。该品种以品种开发所在地区的名字命名。在农民看来，它具有本地品种塔罗·潘奈罗（Thulo Panhelo）的所有优势。这两个参与式育种品种由 LI-

BIRD 的育种家监督，两家合作社每年用它们制种并提供种源。

5.2　参与式育种案例：水稻

LI-BIRD、国家农业研究委员会和国际生物多样性中心于 1998—2006 年在 3 个农业生态地区联合开展了就地保护项目，有关人员将本地水稻品种和改良水稻品种做了数次杂交。农民鉴定当地品种，LI-BIRD、国家农业研究委员会和国际生物多样性中心的育种人员确定外来互补亲本。其中 1 个杂交品种由位于巴拉地区的卡乔瓦（Kachorwa）社区的地方品种杜迪萨罗（Dudhisaro）和外来品种哈迪纳萨 1 号（Hardinatha 1）杂交而成。育种人员在所选亲本之间杂交，农民和育种人员在农田里共同选择 F_2 中的分离材料。经过数年选择，几个被农民优先考虑的品系得到培育，大家普遍认为第 4 品系很不错，并将其命名为卡乔瓦 4 号（Kachorwa 4）。在社区层面，这些试验活动由农业开发和保护协会（Agriculture Development and Conservation Society，ADCS）的农民组织引领。该品种被提交至国家种子协会登记，但并未达到标准。尽管出现了这个挫折，农业开发和保护协会自 2003 年运营的社区种子库已持续产出约 1 吨源种和种子，每年出售给当地农民。

5.3　基层育种案例：水稻地方品种改良

LI-BIRD 已在卡斯基、贾帕和当这 3 个地区分别改良了 3 个水稻地方品种。第一个案例是 1999—2006 年就地保护项目中卡斯基（Kaski）地区的香米地方品种普卡莱利·杰索博多（Pokhareli Jethobudho），在博卡拉山谷颇受欢迎，但被一些农民和消费者投诉品质有问题，另外还出现稻瘟病和倒伏等问题。因此，项目组决定改良这个品种并从博卡拉山谷的 7 个不同村庄收集了 338 个样本。项目组用了数年时间评估这些收集到的品系并选育，以解决农民和消费者投诉的问题。在农田里经过数年仔细评估和选育后，其中 6 个品系被认定为在抗病、香度、抗倒伏和高产方面具有优势。当时，这 6 个品系被命名为普卡莱利·杰索博多一起打包推广，而国家种子协会当时也同意这种方案。在 LI-BIRD 提供技术支持的情况下，数个农民团体每年可生产约 10 吨普卡莱利·杰索博多种子。随后，贾帕的卡罗努尼亚（Kalonuniya）水稻地方品种和当的替基替（Tilki）水稻地方品种改良也应用了同样方法。在卡罗努尼亚品种进入登记最后阶段时，替基替品种还处于方案制定阶段，等待提交给国家种子协会。卡罗努尼亚和替基替即将在贾帕和当这两个地区消失，但是，从社区种子库获取优质种源并经过品种改良团队辛勤付出，这两个品种又成为各自地区的常见品种。

5.4 基层育种案例：2 个菜豆地方品种

2015—2019 年，LI-BIRD、国家农业研究委员会和国际生物多样性中心共同实施了地方作物项目（Local Crop Project, LCP），由联合国环境规划署全球环境基金（UNEP/GEF）提供资金支持，研究包括菜豆（phaseolus vulgaris）在内的 8 种山区作物品种。在 4 个项目区，当地项目组发现了 2 种有栽种前途、被当地人称为潘奈罗（Panhelo）和凯罗（Khairo）的地方菜豆品种，多拉卡地区乃其中之一。2015 年，这个品种仅由部分农民在小范围内栽种，项目组决定将这 2 个有潜力的品种纳入菜豆研究中。目前，项目已收集用于品种登记的所有数据，并编制提交给国家种子协会。朱古（Jugu）社区种子库已生产并销售这 2 个品种的种子，朱古和周围地区的许多农民正在种植这些品种，这是一个罕见品种经数年培育后成为常见品种的案例。

5.5　基层育种案例：黍子和小米地方品种

地方作物项目还评估了朱姆拉地区的黍子品种拉托·库度（Rato Kodo）、胡姆拉地区的黍子品种度德·奇诺（Dudhe Chino）以及蓝琼（Lamjung）地区的小米品种巴里优·卡古诺（Bariyo Kaguno），以便在国家种子协会登记。这些地方品种中，名为拉托·库度（Rato Kodo）的黍子在朱姆拉地区非常普遍，其他品种在产量和其他性状方面无法与之媲美。一旦登记后，在其他地区推广的可能性非常高。胡姆拉地区名为度德·奇诺（Dudhe Chino）的也是常见品种。直到 2018 年，国家种子协会还没有登记过任何小米品种，而名为巴里优·卡古诺（Bariyo Kaguno）的小米即将在蓝琼社区消失。在讨论该作物的营养价值时，农民又显示出对它的兴趣。研究人员对这一品种进行评估，以便在国家种子协会登记。尼泊尔种子法规定，如未经过国家种子协会登记和发布流程，任何作物品种不得商业化。作物开发和农业生物多样性保护中心于近期成立，旨在推广这一类作物，但如果没有登记，中心将无法提供制种和推广活动支持。地方作物项目团队即将提交这些品种的登记方案。甘卜卡拉（Ghanpokhara）社区种子库正在当地和全国集会上推广一种当地美食，即巴古优·卡古诺制作的一种布丁。这一产品的需求量很大，种植谷子的农民也从这种更新的山地作物中增加了不少收入。

5.6 基层育种案例：收集和评估苋菜地方品种

通过国际生物多样性中心获得国际农业发展基金会的资金支持，LI-BIRD研究了尼泊尔苋菜的品种多样性，确定和促进适合谷物和叶菜使用的品种登记。来自包括国家基因库在内的总计435个品种被鉴定和评估，这些品种被分成两类——蔬菜类和谷物类，评估在朱姆拉、多拉卡和纳瓦罗帕拉西（Nawalparasi）等地区展开。有关人员向农民提供了具有推广价值的种子，测试和了解农民的偏好。某些蔬菜和谷物品种已被选定登记和推广。在被选定的品种中，从拉梅恰普（Ramechhap）地区收集的蔬菜品种在国家种子协会的登记名称为拉默查帕·哈里约·拉提（Ramechhap Hariyo Latte）。目前，这一品种在正式和非正式渠道同时推广，这是尼泊尔国内首个被登记、推广的苋菜品种。目前，几个谷物品种正处于登记阶段。苋菜品种的发布会激励有关人员研究数百个被忽视、未充分利用但营养丰富且有较好气候适应性的作物品种。

6 对农民种子系统和农村生计的影响

通过参与式作物改良培育的所有品种由农民组织、LI-BIRD 和其他利益相关者共同所有，并开展登记或推广活动。在获得 LI-BIRD 和相关政府机构提供的技术支持后，农民组织负责参与式育种制种（包括源种），由农民组织和社区种子库生产的种子主要在当地销售。这一过程直接有助于改善农民种子系统并提高种子交换程度。每年，古尔米地区参与莱桑噶复合种群和古尔米 2 号玉米品种培育流程的合作社（每个品种）能够生产约 10 吨种子并在当地销售。卡斯基地区的农民团体生产约 10 吨普卡莱利·杰索博多并通过包括市镇、推广机构及私营种子企业在内的网络销售。参与式育种品种的制种和推广直接促进了当地种子系统的发展并让参与制种活动的农民增加了收入。贾帕的卡罗努尼亚水稻地方品种即将在社区消失，如今通过改良活动，很多农民大范围种植这一品种，价格比其他改良品种高出 2.5 倍。

7 能力建设和妇女赋能

参与式作物改良过程有助于提升农民、农民团体的能力并为女性赋能，这个过程包括各种培训、实地访问、讨论以及互动交流，并且男女参与机会或多或少是均等的。在品种培育期间，男性更多地参与了选址活动，但收获后的评估活动通常由女性完成。某些参与了品种培育过程的农民受邀参加种子质量控制中心举办的种子登记方案分享会。因此，他们了解有关流程并有机会向品种发布和登记分会（Variety Release and Registration Sub Committee，VRRC）反馈想法。参与参与式育种过程的社区种子库和农民团体在高品质种子生产、储存和营销、涉及种子交易的法律事务方面的能力也有所提升，考虑到能获得外部组织提供的资金支持的参与式育种项目并非常态，因此，农民团体和社区种子库的能力建设不容小觑。

8 政策影响

LI-BIRD 的参与式育种行动导致的明显的政策改变是修订品种发布和登记格式，这一格式中的部分条款接受了参与式方法收集的数据。LI-BIRD 采取的基于证据的政策倡导方式是可行的。LI-BIRD 和国家基因库倾向于另一种政策改变，虽然这一改变只是间接来自参与式育种的影响，尼泊尔农业和畜牧业发展部种质控制中心（SQCC）已制定出登记地方品种的格式且条款要求较为宽松。上述基层育种案例中 2 个菜豆品种、黍子和小米地方品种将按照该规定登记。

参 考 文 献

Gyawali S, Sthapit B R, Bhandari B, Bajracharya J, Shrestha P K, Upadhyay M P, Jarvis D I, 2010. Participatory crop improvement and formal release of Jethobudho rice landrace in Nepal [J]. Euphytica, 176: 59-78. DOI 10.1007/s10681-010-0213-0.

Joshi K D, Sthapit B R, Gurung R B, Gurung M B, Witcombe J R, 1997. Machhapuchhre 3 (MP-3), the first rice variety developed through a participatory plant breeding approach released for mid to high altitudes of Nepal [J]. IRRN, 22 (2): 12.

粮食可持续生产的基础：
东南亚地区的农民育种实践经验

□ 诺米塔·伊格纳西奥　诺曼达·纳鲁兹

1　农业生物多样性的保护历程

　　全球范围特别是东南亚地区的农业生物多样性规模正在缩减，这正是东南亚社区能力建设区域倡议组织（Southeast Asia Regional Initiatives for Community Empowerment，SEARICE）心之所系的问题。20 世纪 90 年代，SEARICE 就着手于一个植物遗传资源保护项目，这个项目以种子保护的方式，将主粮作物、蔬菜以及根茎作物的传统品种分发给农民，并将其作为就地保护的一部分。在实施过程中，SEARICE 指出，农民往往舍弃不良品种，只保留那些满足他们需要的品种。这类实践说明一个非常重要的道理：不是所有农民都可以担当管理者的角色。植物遗传资源的纯粹保护不可以也不应该强加给农民，尤其是小农户。因为他们为了家庭生计需要用尽每一寸土地进行生产。1997 年，SEARICE 将重点从单纯保护工作转移到作物改良（SEARICE，2005），并转而支持农民育种，并将其作为保护传统品种的一种手段，与此同时也支持改善整个农作物遗传资源系统。农民的技术水平得到提高，主要是通过农民田间学校（Farmer Field School，FFS），使得（新）品种的保护和发展满足农民的特殊需求与偏好。

◻ 2 缺少试验样本作为跳板

在实施参与式育种的初始阶段，SEARICE 面对的挑战是：如何在缺乏参与式育种相关知识和经验的情况下找到可以用于试验的样本。尽管有研究指出，分散选择是增强选择反应（或是品种采用）的关键因素（Ceccarelli，Salvatore，2015），但已有的参与式育种项目在育种过程后期才让农民参与进来。农民应该能够决定哪些品种是他们需要的，以及决定如何自始至终参与品种改良工作，从而确保农场可以采用，这些是 SEARICE 的工作所坚定遵循的指南。常规的作物育种不能完全满足农业人口的需求，所以需要加强当地农业社区持续改良种子的能力（Almekinders，Hardon，2006）。活态的农民种子系统对于保障国家粮食安全至关重要。参与式育种项目也基于这样一种现实情况：常规育种系统改良出的品种只有一部分被应用于农田，因为它们并不能适应当地条件或者不能满足农民偏好。这种情况使得某些调查人员转而尝试参与式育种项目（SEARICE，2009）。

3 项目执行过程中存在的不足

改变常规育种模式并不简单。起初，SEARICE 在各个国家的伙伴利用最近的育种机构或基因库来寻求育种和农家试验的原材料，而后又开展一些现场实践工作，但后来大多数情况下，向农民提供临时性的前育种材料的承诺仅停留在个人层面。为了保证参与式育种工作得以进行，不得不改变这项举措。SEARICE 坚信最佳途径就是与育种机构建立伙伴关系。这项举措在不丹、老挝、越南得以实施。最初阶段确实存在一些有待纠正的偏见，以及有待舍弃和学习的东西。农民担心成功培育的新品种会被私吞，而育种家不愿意分享育种品系，因为他们不相信农民有能力处理初代育种材料。双方在多次公开讨论并签订合作协议后，才互释猜疑。参与式过程的应用使得参与者可以认识到双方做出的宝贵贡献，相互学习，从而建立起了相互信任与相互尊重的良好关系。

4 丰硕的成果

20 世纪 90 年代，得益于在马来西亚、菲律宾、泰国、越南 4 个国家实施的"开发利用中的植物遗传资源保护项目"（PGRCDU），SEARICE 的活动扩展到了其他 5 个亚洲国

家——不丹、柬埔寨、老挝、缅甸、东帝汶。在这些地区，
SEARICE 与育种机构的伙伴关系得以巩固。数年来，技术干
预不断加强，工具和方法论得以改进，课程、农民田间学校等
学习资源以及现场指导也在不断完善发展。作物从水稻扩展到
玉米，目前正在向更多豆类和蔬菜扩展。自开发利用中的植物
遗传资源保护项目开展试点实践的 20 多年来，项目已经取得
了丰硕的成果。

4.1 赋能农民与农业社区

SEARICE 与合作伙伴最显著的成就是，大量的农业社区
能够保证当地种子系统的顺利运行。直到今天，SEARICE 已
经同 9 个国家约 1 000 个社区和超过 30 000 位农民建立了工作
关系，其中 40％为女性。SEARICE 实行干预和开展活动的能
力已经为农业实践带来诸多积极变化。社区不仅培训农民，还
培训农业推广人员。除此之外，农民以顾问或发言人的身份受
邀进入第一产业、第二产业甚至第三产业的学校，同学员们分
享经验。除了技术，农民的社交技能得到了锻炼，自信心也得
以增强。在管理农业生物多样性和参与解决农民权益问题上，
效果也显而易见。

一项鲜明的赋能例证，就是种子协会和农民自己的小组。
在越南南部湄公河三角洲地区，目前共有 342 个种子协会。他
们将农民的集体利益统一起来，使得农民在向地区、国家和国
际决策机构争取法律认可时，可以一致发声。

项目实施环节的大量外部项目评估，也进一步确认了这些

成就。

- 亚洲生物多样性利用和保护项目（Biodiversity Use and Conservation in Asia Program，BUCAP）清楚地阐释了在农民种子系统中，农民有能力改良作物、管理农业生物多样性以及在热带和亚热带的多样化环境中保障因地制宜和多样化的可持续农业生产系统（Hardon，2005）。

- 自我评估和我们的评估也清楚地展示了，通过促进农业生物多样性、改善以农民为本的种子供应系统以及多样又统一的农业系统，该项目从收入、粮食安全和赋能等不同层面解决贫困问题，已经使试点的农民受益良多（Eklöf，2009）。

- 这支团队见证了试点地区农民创造的丰硕成果，比如植物遗传资源保护、管理与发展的能力加强，产量稳定品种的应用、病虫害治理和基于季节的农事知识的普及所带来的生产能力的提高、每个种植季节生产成本的下降、政府推广服务机会的增多。此外，当地种子市场也在不断完善，以促进农民间的品种交换，增加社区层面的种质资源多样性（Quitoriano, et al.，2011）。

- 该项目在 3 个国家开展，有助于赋予农民更多权能，尤其是在技术和权利方面，同时也有助于提高农民的种子政策意识，增强社区在当地乃至全球的食物、农业以及气候变化政策方面的参与力度和影响力。此

外，该项目也有助于解决性别平等及女性权利问题
（Berg，2015）。

4.2 育种能手为社区提供适宜当地种植的改良品种

湄公河三角洲地区拥有 65 位技艺娴熟、懂得创新的农民
育种家，他们长期致力根据当地农业社区的需要来改良品种的
工作，这使得农民有能力培育出适应当地条件的新品种，且所
有这些品种都曾在农业社区推广过。截至 2017 年，400 个水
稻品种公开问世（图 1）。

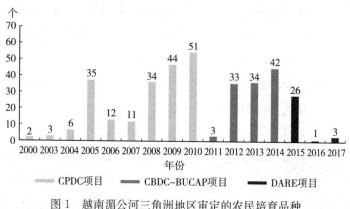

图 1　越南湄公河三角洲地区审定的农民培育品种

数据来源：黄光田博士，湄公河三角洲发展研究所（MDI）。

坚江省的阮文廷与安江省的陈成雄是两位农民育种家，他
们分别培育出了 HD1 和 NV1，并通过正式的种子审定认证。
对农民来说，尤其是对面向全球市场的大米生产国的农民来
说，这项成就称得上是巨大突破。非常重要的是，这为从未受
过农业正规教育的农民敞开大门，使得他们能够拥有得到国家

认可和接受的品种（SEARICE，2013）。

4.3 赋能女性，确保家庭种子安全

妇女在参与式育种中的作用不容忽视。通过开发利用中的植物遗传资源保护项目的早期项目，SEARICE 与合作伙伴开展了一系列研究，旨在肯定参与式育种对改善女性生计的贡献。借助调研结果，SEARICE 与合作伙伴研发出一系列工具和方法，从而确定女性参与参与式育种的意义，并肯定女性也应该从中获得利益。所用到的工具描述了开发利用中的植物遗传资源保护项目中男性和女性各自的作用、农业资源（尤其是种子资源）的获取和掌控、按性别分类的有关特征偏好的数据、育种目标。在执行参与式育种的农业社区，涉及女性利益的具体指标也是项目监测及评估的一部分。

在菲律宾、泰国和越南，参与 SEARICE 参与式育种项目的女性有机会接受培训，并参与项目的决策环节。这些妇女学习作物育种、品种筛选、教授其他农民保存和培育植物遗传资源的新技术——这些原本都是男性才有机会学习的内容。最终她们可以参与家庭决策，尤其是涉及种植品种、种植地点以及种植方式的决策。

此外，妇女也了解到植物遗传资源的价值，确保了下一季稳定的种子供应，增加了收入，同时也得到了当地社区的认可和尊重。在这个过程中，妇女通过能力提升获得了更多安全感和自信心（SEARICE，2011）。在有些国家（如不丹）的农业社区，妇女在农民组织发挥领导角色。菲律宾的妇女在负责游

说和建立社区种子资源登记，种子资源登记旨在保护社区作物多样性，提防生物剽窃和既得利益集团对知识产权的不正当使用（SEARICE，2012）。

4.4 便捷获取与稳定优质种子供应

随着社区获得自主权，遗传资源多样性得以丰富，农民获取质优价廉的种子也越来越便捷。以湄公河三角洲地区为例，农民对当地种子供应系统的贡献之大显而易见，种子协会每年都能生产约 18 万吨的优质种子，如此数量的种子满足了当地水稻种子需求的 35％。与正规系统（包括公有和私有部门）每年仅供应 15％相比，这确实是巨大的贡献。这证明，只要拥有机会，农民也能填补巨大的需求空缺。种子协会也会根据不同的遗传资源基础生产种子。如 2015 年，他们就有能力生产和分配 92 种不同水稻品种的种子，其中 17 种已正式发布，75 种是农民培育的品种。作物品种培育仍在继续，在环境变化和新挑战不断涌现的情况下满足农民的各种需求。近年来，种子协会已经培育出 9 个耐盐水稻品种、7 个耐旱品种、2 个耐涝品种和 1 个抗稻瘟病品种。

获得审定的 HD1、NV1 以及最新的 TZ7 和 AG1 已经表明，农民培育的品种至少可以保证与获得审定的种子具有同样的品质，因此有可能成为国家种子供应的一部分。HD1 旨在培育出可以耐酸性硫酸盐和盐渍土的品种，最终得到的品种不仅实现了这个目标，还达到了雨季每亩 320 千克和旱季每亩 420 千克的高产水平。此外，该品种还实现了优质无白垩颗粒、抗水渍抗倒伏、耐杂草、抗齿矮病、抗稻瘟病、耐褐飞虱（SEARICE，2013）。

4.5 参与式育种的拥护者和支持者骨干

多年来，包括农业推广人员、调研员、育种家和技术人员在内的超过500名育种从业者选择支持参与式育种。农民田间学校为不同的参与者提供了与农民密切互动、共同分析问题以及商定解决措施的机会。通过这一过程，他们能够体验到农民和推广员、育种工作者的知识和经验是如何发挥价值并赢得尊敬的。这个学习新知和抛弃陋习的过程改变了育种从业者。他们从传授知识和技能的老师那里学习，变成了推动者，他们通过交流经验互相学习，共同分析试验结果，并将经历转换成具体的知识。

湄公河三角洲地区的实践经验表明，在政府的支持下，参与式育种可以走得更远。越南法律禁止售卖未经审定的种子，但是直接参与项目实施的当地政府认可了这些品种的质量，农民培育出的种子也可以满足本国许多农民的需求。他们相信，通过支持农民并与他们紧密合作，当地适宜品种的研发进程将会继续，用来分发给湄公河三角洲地区农民的优质种子的生产也会继续。支持农民的一种形式就是允许使用湄公河三角洲发展研究所（MDI）的标志，该研究所是SEARICE在湄公河三角洲地区的合作机构。此举意在使种子的包装成为一种质量保证。同样的，农业和农村发展部（Department of Agriculture and Rural Development，DARD）以及省级育种中心也对农民培育的品种给予认可，并批准可以在社区、地区和省级种植。

当地政府有财政支持，育种材料供应的技术援助，以及为种子协会颁发的证书，用于鼓励当地种子的生产销售。农民培育的品种和种子有潜力走向更多社区、走向外省。通过国家品种审定、技术证明文件和认证费用方面的援助，农民培育的品种不断获得支持。

5　挑战

参与式育种创造了丰硕的成果和各种有效的实施模式。然而，因为遭遇一些重大挑战，拥有巨大潜力的参与式育种仍然停留在边缘地带。

5.1　打破窠臼

第一个瓶颈就是过时的观点。这些观点认为农民不可能做得了育种工作，他们最多只能试验那些已经表现稳定的本地改良品种。在所有实施参与式育种的国家，科学家、育种家在初期并不愿意为农民提供育种材料。为了反驳这种错误的观点，农民田间学校让农民负责进行杂交育种试验。当科学家看到农民也可以有效处理育种材料、管理初代材料时，他们承认农民确实有这方面的能力，并将育种品系交给农民。

5.2　参与式育种品种的所有权

不是所有的育种家都愿意同农民分享育种品系，即便他们知道农民有能力处理，关键在于最终品种的所有权。在其中一个实行参与式育种的国家，同一个政府机构里的育种家都各自保护自己的育种工作，以免同事先人一步培育出新品种。在另一个国家，育种家不愿意同农民分享育种品系，而是选择卖给私营种子公司。自从政府不再为育种机构提供资金支持后，他们就转而出售育种品系来维持生计。这种现象的滋生实属不幸：政府机构的育种工作应该为公众服务，而不应是为了私人利益或私营部门的利益。

5.3 种子政策和法规

HD1 和 NV1 取得国家认证，这说明农民培育的品种也可以满足品种审定的严苛要求，同时消除了"农民没有能力育种，培育的品种也称不上品种"的误解。然而，对农民育种家来说，取得国家认证所需要的步骤太过严苛，资金成本也难以接受。在这样的体制下，尽管农民培育的品种具备全国生产的潜力，但获批国家审定却极其艰难（SEARICE，2013）。

在近年融入全球贸易体系的过程中，巨大的国际压力促使有些国家加强了政策审查和法律制定，这极大地影响了农民获取种子的权利。倾向于融入国际体系的政策法规可以轻易取消本地获益，使农民种子系统受到极大的限制。

5.4 知识产权

知识产权（Intellectual Property Rights，IPR）被认为可以通过奖励拥有产品所有权的创新者来促进创新，并在许多国家的种子法律中得以确立。大多数情况下，特异性、一致性、稳定性标准常用来衡量品种的最大市场潜力，而该标准也可以应用于新品种的国家审定。培育和使用价值测试是种子审定的另一项要求，从根本上说也是一种为了寻求利润最大化的市场最优化策略。

大部分发展中国家和发达国家缔结的贸易协定都需要借助前者来修订法律，并在育种方面实行严格的知识产权保护。该举措暗中破坏了农民种子系统，而农民种子系统满足了大部分发展中国家 $80\% \sim 90\%$ 的种子需求。在某些情况下，农民售卖未经认证的种子已经触犯了法律。

种子知识产权的另一种形式是植物新品种保护（Plant Variety Protection，PVP），它限制了农民在应对由气候变化等引起的新挑战时创造新品种的潜力。与专利保护一样，植物新品种保护是一种对公共产品的人为垄断。尽管经济学家们很少达成共识，但他们却一致同意，垄断不仅滋生不平等，还造成了资源配置的严重失衡。在一个社会中，人们容忍这种失衡，寄希望于它可以促进创新，最终获得超过成本的社会利益（Stiglitz，2008）。借助知识产权私有化来激励育种家，不仅是为了弥补他们的努力和投资，更是为了最终给社会带来新发现，拓展全人类的知识领域。最终必须回答的问题是：社会收益真的超过社会成本了吗？考虑到农民在创新领域的重要作用，他们改良作物时所面临的压力以及气候变化对食物供应的影响，限制农民借助受产权保护的品种来培育新品种的社会成本将会高得惊人，并且远远超出收益。对于普通的消费者、农民、育种家来说，这是不值得的（Ignacio，2013）。

□ 6 结语

从气候变化等当前和未来的挑战来看，农民在作物改良和满足农民多样化种子需求方面潜力巨大。在参与式育种所提供的工作模式中，主要参与者维持了真诚的伙伴关系。种种实践表明，该范式不仅能发挥作用，而且与常规育种方式相比，它也更加高效。参与式育种使得农民可以培育新品种，从而满足特定偏好或标准，以及很好地适应特定的生态位或农业生态条件。这可以节约大量资源，促进主要参与者之间共享资源。鉴于农业研究和发展的公共资金日趋减少，这一点就显得尤为重要（Shapit，Rao，2007）。农民是支持常规育种家的创新系统中不可或缺的环节，将农民从创新环节中剔除出去，限制他们使用受知识产权保护的品种，不能自由地培育社会必需的品种，这不仅不公平，也非明智之举。

参 考 文 献

Almekinders C，Hardon J，2006. Bringing farmers back into breeding. Experiences with participatory plant breeding and challenges for institutionalization［J］. Agromisa Special 5，Agromisa，Wageningen，the Netherlands：140.

Berg. 2015. Putting lessons into practice: Scaling up peoples' biodiversity management for food security [R]. External Programme Evaluation Report.

Ceccarelli, 2015. Efficiency of plant breeding [J]. Crop Science, 55: 87-89.

Eklöf, 2009. External assessment of the CBDC-BUCAP programme [R]. Unpublished Report.

Hardon, 2005. Evaluation report of Biodiversity Use and Conservation in Asia Program (BUCAP) [R]. Unpublished Report.

Ignacio, 2013. Essentially derived varieties and the perspectives of farmer breeders [R]. the Seminar on Essentially Derived Varieties, October 22, 2013, Geneva, Switzerland. International Union for the Protection of New Varieties of Plants (UPOV): 140.

Quitoriano E, Dilts R, Padilla L, 2011. Global mainstreaming of participatory plant breeding [R]. Result of the Terminal Evaluation (Final Report).

SEARICE, 2005. Community Biodiversity Development and Conservation (CBDC) program terminal report [R]. Unpublished Report.

SEARICE, 2009. Revisiting the streams of participatory plant breeding: Insights from a meeting among friends [R]. Southeast Asia Regional Initiatives for Community Empowerment: 79.

SEARICE, 2011. Gender balance: Lessons from Community Biodiversity Development and Conservation-Biodiversity Use and Conservation in Asia program (CBDC-BUCAP) [R]. Southeast Asia Regional Initiatives for Community Empowerment, 27.

SEARICE, 2012. SEARICE 2001-2011: A decade of work protecting the birthright of farmers [R]. Southeast Asia Regional Initiatives for Community Empowerment: 36.

SEARICE, 2013. Farmer-bred varieties: Finding their place in the seed supply system of Vietnam. The case of HD1 variety [R]. Southeast Asia Regional Initiatives for Community Empowerment: 27.

Shapit B, Rao R, 2007. "Grassroots Breeding": A way to optimise the use of local crop diversity for the well-being of people [EB/OL]. http://www.tropentag.de/2007/abstracts/links/Sthapit_K39xJY4Z.pdf.

Stiglitz J, 2008. Economic foundations of intellectual property [J]. Duke Law Journal, 57: 1693-1724.

下篇

中国案例

Chinese cases

二十年历程：中国参与式选育种的成就、挑战和前景

□ 宋一青　罗尼·魏努力　覃兰秋　田秘林

本章主要在中国不断变化且正面临挑战的背景下探讨参与式选育种，概括总结 20 年来中国参与式选育种的主要活动、成果和成就，突出强调妇女在参与式选育种中的角色，详细阐述影响参与式选育种在中国发展关键政策和相关法律，深入反思参与式选育种过去 20 年的历程以及中国实现"绿色转型"与可持续发展所面临的挑战。

1　不断变化的背景：中国正面临的挑战

作为世界上最大的发展中国家，中国的文化、经济和生态非常多元，在许多领域都正处于转型时期。中国于 2001 年加入世界贸易组织，这是近几十年来的重大标志性事件，加速了中国经济向完全市场化体系转变的过程。尽管如此，中国在很大程度上仍然是一个农业国家，用占世界 9% 的耕地养活了世界

22％的人口。中国有 4 000 多年的农耕历史，至今仍有 2.4 亿户小农，户均土地仅有 0.6 公顷。由于农业女性化，现在大多数务农的劳动力都是女性。中国正在经历快速的社会经济变化，比如城镇化、市场化、信息通信技术的引入，农业的方式和做法呈现出异质性。同时，农业也越来越多地受到气候变化的影响，很多地区干旱日益严重，这些成为影响国家粮食安全的相关因素（Huang，2003）。

快速和大规模转型导致城市与乡村之间、工业与农业之间、东部沿海地区与偏远的西部之间、经济发展和环境保护之间的差距日益扩大。农村极端贫困、社会经济不平等、环境严重退化和生物多样性流失都日趋严重（Song，Vernooy，2010a）。与此同时，经济的快速增长付出了极高的环境成本代价，空气和水土污染严重、生态退化和生物多样性大量丧失。在中国 14 个集中连片特困地区，特别是西部，大约有 3 000 万人仍是极端贫困，他们的日均收入低于 0.5 美元（国务院扶贫办公室，2007）。这些极端贫困的人口大部分生活在边远地区，那里生物多样性丰富，但受到气候变化的严重影响。

这些变化对弱势群体（小农及其社区）、政策制定、法律法规改革的影响，越来越受到政策制定者和研究人员的关注。同时，由于食品安全问题和环境问题，公众对安全、健康和多样化食品的需求日益增加，促进了有机农业、绿色农业的发展。强大而有活力的农民种子系统为实现中国的"绿色转型"提供了选择。

1.1 农业女性化和老龄化

农业正面临的女性化和老龄化，导致农村家庭中的角色、责任和负担发生了重大转变。在过去几十年里，农村（尤其是中国西部地区）外出务工的主要是男性，妇女、老人和儿童留守（Zuo，Song，2002；UNDP，2003；Song，Zhang，2004）。表1展示了广西和云南的农民外出务工情况，这两个省份是中国大部分贫困山区的少数民族社区所在地。数据显示，男性外出务工呈上升趋势，社区外出务工人员占总劳动力的比例从2002年的42.56％增长到2012年的62.09％。虽然许多年轻女性也外出务工，但仍然以男性为主。在中国西部和西南部地区，从事农业的劳动力中女性的比例高达70％～80％（Song，et al.，2006；Song，Vernooy，2010），这些女性多为中年人且受教育程度不高。

表1　2002—2012年广西和云南的外出务工人员情况

年份	2002	2007	2012
外出务工人员占总劳动力的比例（％）	42.56	55.94	62.09
女性占外出务工总人员的比例（％）	38.48	39.84	42.06

数据来源：2013年在广西和云南对320户农户的调研（Song，Zhang，2015）。

全国范围内，农业劳动力的60％是女性，贫困人口的大多数也是女性。女性在支持粮食安全和营养改善，改善农村生计方面发挥着关键作用，同时担负着大部分的无偿工作。但是，据国家统计局和中华全国妇女联合会对中国妇女社会地位的调查，中国农村地区男女收入差距逐渐扩大，从 1990 年的79∶100 增加到 2010 年的 56∶100。2016 年，联合国妇女署（UN-Women）中国代表处和环境署开展了气候变化脆弱性的性别维度的研究，结果表明，农村妇女最容易受到气候变化引发贫困的影响，并且系统性的偏见和挑战将会对女性应对气候变化产生持续的影响。基于性别的关键挑战包括：农村妇女在创建气候适应性和获得气候适应性资源与服务的能力有限；农村妇女往往处于应对气候变化影响与自然资源管理的最前端（Resurrección，Song，2018）。

1.2　环境退化、生物多样性和相关传统知识的丧失

中国拥有悠久的农耕历史、丰富的农业生物多样性和民族文化，中国西南地区尤为丰富。然而，过去几十年中，经济快速发展的特点是资源过度开发和不适当干预，导致环境和自然资源正在迅速退化。小农和他们的农业社区发现农业生物多样性的保护和加强越来越困难。他们的传统知识、当地的实践经验和创新都面临这种压力。生物多样性，特别是农民田地里的地方品种正在加速消失（Zhang，et al.，2010）。从长远来看，这种趋势正威胁着贫困人口的生计和安全，乃至国家的农业与粮食安全。

过去 30 年中，水稻、小麦和玉米这三种主要粮食作物的传统品种数量迅速下降，90％的地方品种已经消失。水稻从46 000 个减少到 1 000 个，小麦从 13 000 减少到 500 个，玉米从 10 000 个减少到 152 个（朱有勇，2017）。在过去的几十年间，中国西南地区的农作物本地品种迅速减少。在广西和云南

的一项调查显示，2000 年后本地品种每年都在快速消失。广西和云南虽然在程度和时期上有差别，但都有相同的趋势，广西在 2000 年、2006 年本地品种消失得最多，而云南在 2008 年、2010 年本地品种消失得最多（图 1）。当地经济发展和农业政策是导致本地品种消失的主要原因（中国科学院农业政策研究中心，2014）。

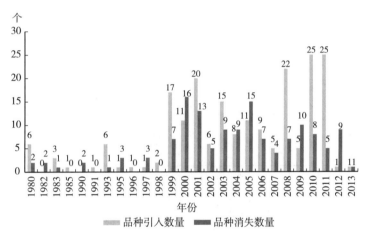

图 1　1980—2013 年广西和云南主要粮食作物的

品种消失情况（中国科学院农业政策研究中心，2014）

广西壮族自治区农业科学院玉米研究所的调查数据说明了广西山区玉米地方品种的消失情况（表 2）。

杂交种的推广是造成本地品种消失的主要原因。在政府政策和干预的支持下，市场力量迫使农民放弃本地品种而采用现代化种植。这种转变极大地压缩了农民种子系统的存在空间和选择余地。即使在边远山区，如云南西北部的丽江石头城村，过去 10 多年里也有 50 个本土品种（包括 13 个水稻品种、10 个玉米品种、6 个豆类品种），以及一些传统的当地作物（如高山大麦、高粱、燕麦和苎麻）消失了。

表 2　1990—2016 年广西 8 个山区县域玉米地方品种消失情况

县域	1990 年地方品种数（个）	2016 年地方品种数（个）	地方品种消失比例（%）
乐业	28	6	79
西林	15	8	47
龙胜	18	5	72
资源	9	6	33
上林	12	4	67
那坡	82	15	82
隆林	38	26	32
总计	279	82	62

资料来源：覃兰秋，广西壮族自治区农业科学院玉米研究所。

1.3　失败的研究和推广

玉米、水稻和小麦是中国最主要的粮食作物，也是国家农业公共研究体系关注的重点作物。国家农业公共研究体系对这三种作物开展系统研究，并取得了良好的效果，但主要研究针对优势产区的适应品种，对于包括广西、云南和贵州在内的非优势产区，研究成果并未提供很好的服务。部分原因是育种者的普遍假设：农民掌握的知识很少，必须在有利条件下选择品种，品种必须是在较大的地理区域具有基因一致性和广泛的适应性，必须用高产品种替代地方品种和开放授粉品种（开放性授粉品种在中国西南地区仍然可以找到），这样才能确保国家粮食安全。这在很大程度上忽视了生物多样性、多样化生计以及农户对作物改良的贡献（Zhang, et al., 2010）。仅仅关注杂交品种的研发，并不能服务于受气候变化（气温升高、出现干旱、气候变化增加新的病虫害发生）影响的山地农民，不幸的是，大多数杂交品种无法适应边远山区的气候环境，比如在广西和其他西南省份，也容易受到病虫害和干旱的影响（图 2）。

图 2　2010 年春季广西遭遇严重的春季大旱，农民改良的地方品种（右）
　　　　幸存下来，但杂交玉米品种却都没能出苗（左）

在边远地区，农民种子系统在种子供应中继续发挥重要作用，同时在保持生物多样性方面发挥作用，这对于维持农民乃至整个国家的生计安全都至关重要。2017 年，中国科学院农业政策研究中心在 6 个省份所做的一项研究表明，在种子使用方存在较大的区域差异。然而，大多数农业研究者并不了解这一现实。这种认知的缺失会导致对农民种子系统的忽视和不尊重。

该研究的一个例子表明，2015 年黑龙江省甘南县（经济发达和现代化的东北地区）杂交玉米的覆盖率达到 100%，而同年广西的边远山区罗城县玉米杂交种的覆盖率仅为 38%（图 3）。

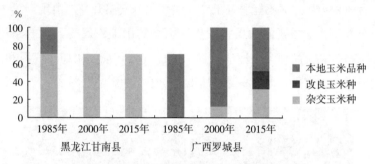

图 3　1985—2015 年黑龙江和广西使用的玉米

品种类型和变化（中国科学院农业政策研究中心，2016）

小麦也存在类似情况（图 4）。2015 年，山东省齐河县的受访农户全部使用新品种小麦，但在云南丽江石头城村，这里的农户从未使用过新品种。石头城的农户喜欢把本地小麦品种

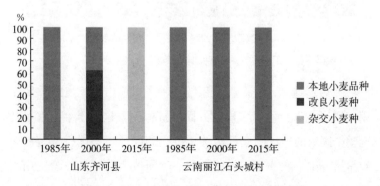

图 4　1985—2015 年山东和云南使用的小麦

品种类型和变化（中国科学院农业政策研究中心，2016）

当作日常主食，并且依靠自己的种子系统来改良、交换和保存下一季的种子。他们宁愿保持种子的自主权。

2 中国式的参与式选育种： 从试点项目到 国家平台

2.1 桥梁搭建的需要

早在 20 世纪 90 年代末期，国际玉米和小麦改良中心发布了一份关于中国西南地区小农户对玉米品种影响的评估报告，得出的结论是，正式种子系统和农家种子系统之间存在着系统性的分离。这个结论清楚地反映出科研机构培育的品种因不适合西南边远山区的农业生态条件而不被当地农民所使用。正式种子系统的研究人员似乎并未意识到这一现实，育种计划中也没有予以关注。

该评估还记录了过去几十年甚至几个世纪以来，西南农村地区保存的玉米地方品种的多样性，这在中国尚属首例。调查结果显示，超过 80％的种子来自农民自给自足的种子系统，其余 20％从正式种子供应系统购买。农民的种子系统依赖于自留种和亲朋好友间的非货币的种子交换。在种子管理中，妇女发挥着至关重要的作用。受此启发，中国科学院农业政策研究中心的研究人员决定成立一个参与式选育种项目，研究本地品种在科学育种中的作用，增加本地品种的价值，探索参与式选育种在中国的潜力。研究的品种包括农民改良的开放性授粉品种和地方品种，研究人员还开始着手探索如何改良商业品种以令其适应西南山区的种植条件。这种方式因涉及育种者和农民的全面参与、知识和技能，称为参与式选育种。这种育种方式在古巴、洪都拉斯、马里、尼泊尔和叙利亚等许多国家已逐渐被引入（Vernooy，2003），但此前在中国却全然不为人知（Vernooy，Song，2004）。

2000年在中国启动了第1个参与式选育种项目，将正规种子系统和农民种子系统连接起来。最初集中在广西，来自6个社区的农户与广西壮族自治区农业科学院玉米研究所、中国农业科学院的玉米育种家一起参与项目，获得来自当时中国最前沿的玉米育种家张世煌带领的玉米研究团队的支持。项目得到加拿大国际发展研究中心和福特基金会的资助，来自中国科学院农业政策研究中心的社会学家和政策研究者也给予了支持。

2008年，在中国科学院农业政策研究中心、中国农业科学院作物科学研究所和农业部的协调下，云南和贵州开展了类似的项目。项目由最初旨在改善本地玉米品种的小型计划，逐渐发展为不仅关注作物生产，而且支持包括生态农业、社会文化发展（如支持农民自身的文化活动）在内的可持续农业、经济赋能（改善市场链接）和政治方面（如连接农民与学术界、教育界的决策者），为实现乡村振兴做出贡献（Song，Vernooy，2010a）。

现在项目开展的主要活动包括基于社区的地方品种保护、参与式品种选择、参与式育种田间试验、社区资源登记、社区种子库、社区种子生产以及通过加工和销售实现农产品价值增值。参与式选育种项目社区还发展循环农业和生态农业，与消费者建立直接联系，从而实现农家种和传统知识的增值。他们通过社区支持农业（CSA）和参与式保障体系（PGS）来做到这一点。例如在广西，一个基于社区并以妇女为主导的种子生产合作社正在为社区支持农业的生态农业生产出优质的参与式选育种品种种子，她们与南宁的城市消费者联系密切，最终，参与式选育种项目社区的农户收入增加了三倍；在云南也取得了类似的成功案例。

2.2 方法

项目实施开始使用是适应当地情况的研究方法，包括农民在内的整个团队的工作是基于当地妇女多年的玉米育种经验和专业知识，团队同时拓展并向育种家学习专业知识和技能（表3）。在育种家的技术支持下，农民隔行去雄、混合选择和品系选择，通过多种杂交技术和品种选择过程改良作物改良。广西壮族自治区农业科学院玉米研究所的育种家在田间试验中会使用更复杂的方法。多年来，这项工作涵盖了一系列并行活动，通过参与式品种选择确定亲本材料、改善涉及当地种子系统和正式种子系统的遗传材料的种群，进一步选择获得单个品种。在社区和研究所的农田都开展参与式育种和参与式品种选择，每轮试验都由育种家和农民联合评估，再根据评估结果共同讨论和商定新的设计。试验允许在地点、方法、目标和测试品种的类型方面做出比较（Song，2003；Song，Jiggins，2003；Song，et al.，2006；Song，et al.，2010）。

表3　农民和育种家在玉米参与式选育种计划中的作用

（对比种群和杂交育种过程）

育种步骤	种群繁殖		杂交育种	
	农户	育种家	农户	育种家
确定目标				
— 评估农家现有品种	Y	Y	Y	Y
— 优先考虑首选特征和首选多样性	Y	Y	Y	Y
创造遗传变异				
收集、维护或创建多样化的群体				
— 识别杂亲本	X	X	X	X
— 杂交	X	X	X	X
用于OPV育种	X	X		
用于杂交育种			N	Y
— 生产自交系			N	Y
— 测试杂交			N	Y
— 改善自交系			Y	Y
选择（包括测试交叉评估）				
— 田间（站内和多地农户的田间和厨房）	Y	Y	Y	Y
— 实验室（例如抗病性和品种检测）	N	Y	N	Y
品种的测试和评估	Y	Y	Y	Y
品种注册	N	Y	?	Y
种子生产*				
— 父本母本种子供应	N	Y	N	Y
— 父本母本种子研发	Y	Y	Y	N
— 田间种子生产	Y	Y	Y	N

注：Y表示是，N表示否，灰色表示不适用，?表示根据制度选择，*表示与种子生产有关的活动全部由妇女完成。

2.3 玉米新品种

农民和育种家通过一系列的讨论，针对 4 种类型的玉米开放授粉品种和地方品种开展联合试验和单独试验，比如实地试验针对来自国外的种群品种 creolized，育种家研发后，经过农民的适应性培育，有时会与地方品种杂交。截至 2020 年，已经有 180 多个品种在广西壮族自治区农业科学院玉米研究所和项目社区开展试验。经过 20 年的试验，选择 12 个农民偏爱的品种在社区中推广，这些品种也传播到了项目社区之外的地方。此外，从国际玉米和小麦改良中心引入的 5 个品种越来越差，在经当地农户选育后有了较好的适应性。从参与式选育种项目社区得到的另外 30 个地方品种在育种家的支持下由农民改良，所有这些品种的农艺性状、产量和口感都取得了令人满意的结果，也更适应当地环境（Song，et al.，2006；中国科学院农业政策研究中心，2004，2012，2016，2018）。其中重要的玉米品种包括：

- 新墨 1 号。开放授粉玉米品种，由武鸣区太平镇文坛村农民改良的 Tuxpeno1 号作为母本，都安县古山乡自成项目社区的本地玉米品种加禾白作父本，于 2002 年育成。它的父本和母本都是由参与整个改良过程的农民选择。这个品种抗旱性好，平均产量比本地品种高出 15％。2003 年这个品种尝试正规注册，根据政府要求，需要在 6 个省份开展区域试验，故未能通过审定，该品种至今还尚未注册。

- 中墨 1 号。开放授粉玉米品种，由新墨 1 号、苏湾 1

号和 Amarinto 966 号杂交（作为父本），于 2004 年育成。之所以培育该品种，是因为新墨 1 号是白色品种，农户希望培育一个具有较高商业价值的黄色品种。这是亲本和外来品种之间的第一个杂交品种，农民从 F_1 阶段开始参与，目前该品种尚未注册。

- 中墨 2 号。由新墨 1 号和 Amarinto 9 号杂交，于 2006 年育成。育种目标是培育黄色品种并改善口感。农户和育种家在整个过程中密切合作，目前该品种尚未注册。

- 桂糯 2006。杂交糯玉米品种，也称为广西糯 2006。这个品种是由广西壮族自治区农业科学玉米研究所的育种家在 2001 年使用都安县参与式选育种项目社区的一个品系培育出来的。2002 年以来，经过测试、适应性改良并在参与式选育种项目社区制种。自 F_3 阶段以来，农民一直参与测试和改良。这个品种深受农户喜爱，以广西壮族自治区农业科学院玉米研究所的育种家的名义正式注册。

- 桂苏综。开放授粉玉米品种。抗倒伏性良好，产量也高于本地品种。在整个培育过程中，广西壮族自治区农业科学院玉米研究所的育种家和农民密切合作，目前该品种尚未注册。

- 桂综糯。优质的开放授粉品种。广西壮族自治区农业科学院玉米研究所的育种家与 4 个参与式选育种项目社区的妇女一起培育而成，在广西邻近山区和云南推广。表 4 总结了该品种的测试和推广过程，说明了农民种子系统的重要性及其所能发挥的力量。

表 4　桂综糯的测试和推广过程

年份	户数（户）	面积（亩）	参与式选育种项目社区和推广
2014	2	0.3	云南丽江石头城村：春季播种，并在秋季通过社区间的分享和传播给周边社区
2015	30（石头城村）＋ 30（周边社区）	2.4	石头城村和周边社区
2016	30（石头城村）＋ 40（吾木村、油米村）	2.7	一位社区带头人从石头城村带来了 1 千克种子，分享到邻近的吾木村和油米村试种
2017	40（石头城村） 6（吾木村） 5～6（油米村） 2（三叉村）	17.2	吾木村的农户喜欢该品种，并扩大种植面积（10 亩） 油米村：0.5～0.6 亩 石头城村妇女育种家将 1 千克种子送给广西三叉村的妇女骨干
2018	50（石头城村） 60（吾木村） 10（油米村） 6（三叉村）	56.5	吾木村：50 亩 油米村：1.0～1.2 亩 三叉村：1.8 亩
5 年合计	126	89	通过 4 个参与式选育种项目社区农民之间的交换，推广到 10 个临近的社区和数百户农户

注：亩为中国非法定计量单位，15 亩＝1 公顷。下同。

2.4　种子生产的成功案例

玉米开放授粉品种桂糯 2006 因为特殊的口感和市场潜力，

成为最受农户和社区喜爱的品种。参与式选育种团队与妇女合作小组合作，在广西古寨的上古拉屯开展了桂糯2006的种子生产。种子生产和销售皆由该村的一个妇女合作小组管理。起初，农民面临的主要困难是缺乏改良种子生产的知识，但在广西壮族自治区农业科学院玉米研究所育种家的帮助和技术支持下，仅仅用了两年时间她们便学会了基本技能和知识。为了更好地管理，农户发起并成立了正式的种子生产小组，生产的种子除了供应本社区使用，还出售给邻近的村庄。该小组还致力于当地的传统舞蹈等文化推广活动。

为了分享参与式选育种成果的惠益，项目鼓励农民和广西壮族自治区农业科学院玉米研究所育种家就育种材料和种子生产方法的交换达成协议，进一步加强了他们之间的合作关系。这种合作仍处于探索阶段，需要参与的各方都花费时间和精力来巩固、完善。这种做法代表一种新的政策实践，同时也引起了农业和环保部门的关注。

虽然种子生产经历了起起伏伏，但它不断为参与种子生产的妇女带来明显的回报。妇女团体也逐渐发展成一个以妇女为主导的农民专业合作社，在当地发展循环农业和其他价值增值的文化活动。2013年，在全国参与式选育种平台推动的农民交流活动中，参与式选育种成果传递给了云南丽江石头城村的妇女小组。

石头城是云南省丽江市西北部的一个偏远山村。2014年，石头城开始桂糯2006的制种试验。随后，在广西制种小组和广西壮族自治区农业科学院玉米研究所育种家的帮助下，这里

的妇女小组开展了更多的参与式选育种活动。截至 2018 年 6
月，石头城妇女小组保存了 50 多个粮食作物品种，改良了 10
个抗旱或优质的地方品种。妇女小组通过种子生产也获得了可
观的收入。小组也开始向上古拉屯学习生态农业、有机农业的
实践经验，并准备注册一个妇女领导的农民专业合作社。这些
活动使妇女的收入增加了 3 倍，超过了过去 30 年现代农业产
生的收入。更重要的是，在这个过程中，以妇女和社区为基础
的多方面（包括生产互助、自然资源管理以及链接社会和市场
等外部信息渠道）协作增强了。

这两个案例是通过经济和社会自组织践行妇女赋能的典
范。与此同时，它也促进了这些边远山区的气候变化适应性与
可持续发展。

3　政策和法律面临的挑战

项目开展初期无须顾虑政策和法律问题。项目刚开始那几
年尚处于探索阶段，范围局限于少数村庄，也还未取得实质成
果。除了团队成员，外人对项目工作了解不多。政策和法律问
题这时还未提上议事日程。但是，当第一批参与式选育种品种
生产出来时，情况发生了变化。团队开始思考，相较于传统品
种，这些新品种经过非常特别的育种过程才培育出来，那么谁
才是它们的合法所有者？我们关切的是，怎样才能认可农民的
育种者身份并使其获得合理的回报。尽管参与参与式选育种项

目的农户和所在社区认为他们对新品种拥有集体所有权，但中国《种子法》并不承认这种集体权利。当农民开始生产桂糯2006的种子时，另一个重要挑战出现了，即缺少对农民生产、分发和销售种子的扶持政策和规章制度。

3.1　承认农民的权益，建立公平获取和惠益分享的机制

当桂糯2006进入市场流通，曾经参与品种适应性测试的农户开始留意种子的市场价格，他们意识到自己正在用市场价格购买自己参与改良的种子。参与式选育种团队也意识到，为品种改良做了贡献的农民需要花钱购买"自己"的种子，这是不公平的。为了帮助农民节省种子的开支，参与式选育种团队在广西部分试点社区鼓励社区自己生产桂糯2006种子，并以此为契机重新调整农户的获益分配。

在一些村庄中，农民保留了更丰富多样的地方品种。而在另外一些村子，比如云南丽江的石头城村，还有经验丰富的农民育种家。这些农民育种家在广西的作物改良工作中接力拓展，妇女在其中发挥着关键作用。试点村庄的农民从参与式选育试验中受益，他们掌握了科学知识，获得改良的种子，与周围村庄的农民交换、分享，扩大了受益范围。从技术上讲，农民和育种家共同参与的参与式选育种首先关注玉米开放授粉品种的改良，之后是玉米杂交种的培育。

3.2　农民拥有和获取种子的权利

2016年3月至2017年10月，中国科学院农业政策研究

中心组织了一批科学家在 7 个省份对中国种子政策开展了参与式评估，回顾了 1949 年以来中国种子政策的演变历程。研究发现，中国种子政策可以划分为四个阶段："四自一辅，农民主体""四化一供，双轨体制""走向市场，接轨国际""市场集中，做大做强"。研究评估显示，随着时间的推移，种子政策越来越难以维护种子的公共利益和公共价值，转而变成狭隘的市场取向。通过政策评估也发现，政策转向对农民种子系统、相关的传统知识和生计产生了巨大的负面影响。主要粮食作物和传统特色作物的多样性，无论在农田还是遗传基础的水平上都迅速下降，随着杂交技术和单一化种植的推广，农民种子系统已经被边缘化并受到严重威胁。以公共研究系统和种子企业为主体的正规种子系统，关注能够增加产量和利润的杂交技术和转基因技术。种子政策的变化引发了角色冲突和矛盾，导致杂交种子低质化、育种遗传基础窄化，忽视了农民的权益。

目前的首要任务是调整种子政策来支持当前的农业绿色转型，重建种子的公共价值。这可以从中国优秀的实践案例（包括近 20 年的参与式育种项目和一些由农民主导的种子保护和可持续利用案例），所生发出的一系列的技术创新、制度创新以及政策建议得到启示。

基于种子政策评估，我们提出三项主要的政策建议：一是藏种于民，即农民就地保护与可持续利用种子，保障农户权益和种子安全；二是合力创新，促进农民、公共研究人员和种子企业之间的合作和均衡发展；三是绿色转型，支持适合不同农业生态区域的多元种业作为发展生态农业和多样化食物体系的基础。

2021 年新修订的《种子法》为农民权益提供了一定程度的法律保护，这是积极的政策效应，对于强化农民种子系统、保障国家粮食安全和可持续发展具有重要意义。种子是人类共同所有的公共资源，这一价值属性在中国已有数千年。农民一直是保护传统资源、保障粮食安全的重要参与者。农民对种子进行选育、保存和交换是传统农耕体系的核心，这些活动有助于农业生物多样性的保护和发展，加强农业的气候变化适应性和多样化的健康食物体系。拥有和获取种子是农民的权利，对农业的可持续发展和绿色转型至关重要。

4 反思和前景

2013 年，参与式选育种项目发展成"农民种子网络"，这是一个多方行动者共同参与的平台，具有开创意义。这个平台支持以社区为基础的农家种保护和利用，向研究者和政策制定者传递农民的声音和本土经验。农民种子网络已覆盖中国 10 个省的 38 个村庄，10 个国家级和省级育种机构、政策研究机构、大学也参与其中。农民种子网络保存了 1 500 多个粮食作物品种（500 个品种登记在册），其中参与式选育种计划已经改良了 35 个抗旱或优质地方品种，并为从事种子生产和其他增值活动的妇女群体创造了可观的收益。

20 年来，中国西南地区持续开展和不断扩展的实地研究，与国家级和省级的战略性政策研究相结合，使人们日益认可和重视正规种子系统和农民种子系统产生的协同效应。

农民（主要是妇女）与科学家合作开展研究，将参与式选育种活动整合进入当地的农民种子系统，是中国西南参与式选育种计划和实施过程中的一项重大创新，它连接了正规种子系统和农民种子系统，不仅为妇女赋能，也改进了科学家的知识。这个案例证明，妇女不仅能够在田间从事玉米开放授粉品种的保护和改良，还可以通过育种家的技术支持和惠益分享参与育种和制种。

近年，国内其他研究机构也加入了中国科学院农业政策研究中心、广西壮族自治区农业科学院玉米研究所和中国农业科学院创立的参与式行动研究团队。与此同时，主要农业政策研究机构已经介入，并开始将重要的实地研究成果纳入相关的政策和法律，以便为参与式选育种团队的首创活动营造更有利的政策环境。例如，新修订实施的《种子法》认可和支持农民自留自用、交换和销售种子的具体政策和机制，《广西壮族自治区生物遗传资源及其相关传统知识获取与惠益分享管理办法》的相关政策和工具可以保护农民权益，并将这些权益纳入扶贫、气候变化和生态农业的相关政策。我们希望通过与正规种子部门的合作，越来越多农民的专业贡献可以得到认可并从中获益，如可以获得优质种子、改良品种、从制种销售中获得收入、掌握科学技术和知识。

将近 20 年的参与式选育种历程是所有参与者为之不懈奋

斗的学习之旅，为农村社区和育种机构的组织建设做出了重要贡献。经过集体努力，已有 1 000 多个农民喜欢的地方品种（玉米、水稻）得到保护并培育出了 12 个参与式育选种品种（包括 1 个玉米杂交品种），参与式选育种品种的产量增加了 15%～20%，农户最关心的性状改良（包括抗旱性、抗倒伏性、口感等）也取得积极进展。

妇女一直处在行动的最前沿。妇女小组与合作社的案例说明，中国山区的社区发展和妇女赋能是减贫、保障粮食安全和应对气候变化的一条重要路径。参与式选育种可以成为本地驱动的适应和赋能过程的绝佳切入点。在妇女的领导下，农民通过改良本地品种扩展行动、试验的选择余地，创造新的实践，与其他行动者建立平等关系并扩大交流网络，从而积累更多的社会资本，自主开展集体创新和转型，实现公平与可持续发展。

从参与式育种到乡村综合发展：
广西上古拉屯的实践

□ 覃兰秋　黄开建

▇ 1　引言

　　参与式育种也称合作式育种，是一种要求研究人员和农民及其他相关人士密切合作，改良植物遗传资源的方法，而参与式选种则是研究人员和农民及其他相关人士一起对育种后期品种进行鉴定选择的方法（聂智星，2008）。20 世纪 80 年代，针对现代育种无法满足发展中国家农民生产需求的实际情况，出现了参与式育种的概念，这是对边远地区农民维持生计的技术援助，也是对现代育种技术的补充。广西壮族自治区马山县古寨乡上古拉屯从 2000 年开始采用参与式育种方法开展玉米参与式选育种，是中国最早采用参与式育种方法选育玉米的社区。

　　上古拉屯距离马山县城 23 公里，地处亚热带，属南亚热带季风性气候，日照充足，气候温和，降水充沛，年平均气温在

21.3℃，平均无霜期 343 天，年均降水量 1 667.1 毫米。全屯有
93 户 367 人，其中瑶族占三分之一，其余为壮族。2020 年，该
屯有 95 人全职从事农业，耕地面积 135 亩。1974 年以前村里有
水田，由于气候变化等原因，屯里的小河到了下半年没有水或
缺水，自此，水田全部改为旱地，其中 100 亩种植玉米（一年
两季），其余种豆类和蔬菜等。当地村民一直以来多以玉米为主
粮，直至 2010 年，随着经济的逐渐发展，村民生活得到改善，
食用大米增加。

20 世纪 80 年代以前，上古拉屯的玉米种植主要以本地品种
为主，包括本地黄玉米、本地糯玉米、小心白、白马牙共 4 个
品种；80 年代初开始，部分村民种植从墨西哥引进的开放授粉
品种"墨白"和地方选育的品种间杂交种；90 年代开始，少部
分村民种植杂交种，主要是顶交种（桂顶系列）等；21 世纪初，
开始种植玉米单交种，但仍有约 40% 是地方品种或改良群体种。

20 世纪 90 年代末，正规种子系统和农民种子系统之间有
过系统性分离，科研机构培育的品种很少被边远山区的农民使
用，其原因除推广的杂交种在适应当地小气候环境存在局限
性，另一个原因是部分贫困人口缺少购买杂交种的资金。而随
着社会的发展及种子市场的开放，国外种业公司的进入，多样
化的杂交种给农户带来了更多的选择，尤其是 2002 年"正大
619"在当地的出现，让上古拉屯的玉米杂交种种植面积占比
一下提高到了 80%～90%，种植模式走向另一个极端，种植
品种趋于单一化，地方品种面临流失的风险。

为了使农民少花钱或不花钱也能种上产量、品质都较好

的品种，同时，也为了保护当地品种的多样性，项目组于2000年在上古拉屯开始引入参与式育种。通过支持当地农民剧团、成立社区发展基金等方式，组织农户尤其是留守的妇女，开展参与式社区品种资源登记、举办农民参与式种子暨乡土文化交流会、参与式品种评比试验以及地方品种改良等活动。在保护、改良本地玉米品种的同时，将研究人员的技术及资源优势与农民的乡土知识及地方品种相结合，培育适应当地种植条件、农户用得起的优良品种。同时，满足社会新的发展阶段的需要，结合参与式选育种项目，发展生态种植，成立生态种养合作社，推动上古拉屯的综合发展。

2 行动研究方法

2.1 品种改良与选育

主要采用的是参与式育种和参与式选种两种方法对本地玉米品种进行改良选育、提纯复壮以及筛选引进品种，从而获得适合当地生态环境、符合农户需求的品种。基本流程包括：

- 与参加试验的农民沟通交流，让他们了解参与式育种的目的，并通过培训使农户掌握一定的育种技术；
- 开展社区资源登记，了解认识本地玉米的遗传变异及多样性；
- 通过调查掌握农民需要的玉米育种性状的选择标准，制定合理的育种目标，包括抗倒伏、高产、优质等；

- 从变异群体中筛选并培育新品种；
- 品种鉴定和性状描述；
- 良种繁育、销售，与常规育种系统结合。

2.2 社区综合发展

采用的是参与式方式，在不同发展阶段，经过各相关方的讨论、协商并达成共识后，适时发展建立相应的农民组织，通过采用组织管理的模式，推动社区生态农业及乡村建设综合发展。

3 项目合作伙伴

合作伙伴主要包括：上古拉屯农户（由最初的 8 人发展到现在的 36 人）；广西壮族自治区农业科学院玉米研究所育种家，中国农业科学院的玉米育种家，中国科学院农业政策研究中心的研究人员；参与式研究专家罗尼·魏努力参与协作。加拿大国际发展研究中心、农民种子网络、香港乐施会等机构给予支持。

4 参与式选育种取得的成果

4.1 参与式改良选育玉米品种

上古拉屯从 2000 年启动玉米的参与式选育种，在不同阶段进行了广泛的玉米参与式试验、鉴定，通过改良、鉴定、筛选等手段，先后选育了 10 个适应当地气候环境的玉米品种（表 1）。

表 1 参与式选育的玉米品种

参与式育种	选育品种及来源
育种家主导	桂糯 2006：由广西壮族自治区农业科学院玉米研究所选育，经当地引种试验成功后引入； 新墨 1 号：墨白 1 号的改良种； 中墨 1 号：由墨黄 9 号、新墨 1 号、苏湾 1 号 3 个群体混合改良而成； 桂苏综：苏湾 1 号的改良种
农户主导	本地墨白：新墨 1 号经与本地白混合种植后经多年选留种而来； 本地墨黄：中墨 1 号与本地黄混合种植后经多年选留种而来； 墨白墨黄杂：本地墨白作母本、本地墨黄作父本的品种间杂交种； 改良桂糯：墨白作母本、桂糯 2006 作父本进行杂交后，穗选混合留种； 本地黄：本地农家种提纯复壮； 本地糯：本地农家种提纯复壮

4.1.1 桂糯 2006 的选育与利用

桂糯 2006 是由广西壮族自治区农业科学院玉米研究所选育的糯玉米杂交种，于 2004—2006 年在上古拉屯通过参与式品比试验筛选而成，具有高产和口感好等特性，适合当地种植且深受农民喜爱。

2004—2006 年，上古拉屯 10 位农民在陆荣艳的带领下组成参与式玉米育种小组，利用约 5 亩土地，对 12～20 个玉米新品种（除"桂糯 2006"是糯玉米，其他都是普通玉米品种）进行参与式种植、鉴定和评估。主要活动是在玉米各生长阶段，组织包括参与试验农户在内的当地农户，结合当地乡土知识，采用针对试验品种的株高、穗位高、株型、果穗秃顶、籽粒外观、产量、抗病虫等指标打分或对玉米粒投票等方式鉴定评估。其中，2006 年的试验产量表现为：

玉美头 102（346.5 千克/亩）＞ 桂玉 505（322.7 千克/亩）＞桂糯 2006（297 千克/亩）＞农大 108（273.6 千克/亩）＞ 中墨 1 号（265 千克/亩）＞ 桂单 22（257.1 千克/亩）＞ 桂单 216（252.7 千克/亩）＞ 桂单 30（252.1 千克/亩）＞ 本地黄（251 千克/亩）＞ 桂单 168（248.3 千克/亩）＞ 桂 A339（243.3 千克/亩）＞ 墨白（236.5 千克/亩）。

桂糯 2006 的产量在 12 个试验品种中排名第三，兼具口感好、品质优等特点，最终胜出并被农户选为当地主推的糯玉米品种应用于生产。2006—2007 年参与式玉米育种小组开始种子生产试验，2008 年开始扩大种子生产并对外销售。

2009—2017 年，桂糯 2006 生苞生产，除自留食用，有记录的销售收入合计 72 350 元。而在种子生产销售方面，2007 年由广西壮族自治区农业科学院玉米研究所提供亲本种子开始制种试验生产，当年参与制种试验的农户有 4 户，试验农田面积 0.14 公顷，由于遇上水灾，最后只有 0.06 公顷试验农田能收获种子，共收获种子41.3千克，实现销售收益991.2元。
截至2015年，累计制种面积约2.38公顷，共收获种子
1 331.3千克，实现累计销售收入40 046.2元，参与农户达66
户（表2）。

表2　上古拉屯的桂糯2006种子生产

年份	农户数（户）	面积（公顷）	总产量（千克）	销售量（千克）	价格（千克/元）	总收入（元）	备　注
2007	4	0.14	41.3	41.3	24	991.2	遭遇水灾，只有0.06公顷试验农田能收获种子
2008	11	0.37	223.5	205	24	4 920	
2009	11	0.33	127.5	127.5	33.6	4 290	
2010	8	0.43	0	0	0	0	遭遇洪水灾害，绝收
2011	6	0.20	165.5	150	36	5 400	
2012	9	0.20	153.5	153.5	30	4 605	
2013	6	0.20	250	250	32	8 000	
2014	6	0.31	160	160	32	5 120	遭遇鼠害，损失约250千克种子
2015	5	0.20	210	210	32	6 720	
合计	66	2.38	1 331.3	1 297.3	—	40 046.2	

　　2013年，上古拉屯将桂糯2006及2个亲本分享给了云南
丽江的石头城村。自此，桂糯2006在石头城村落地生根，给

当地农户带来了实惠，石头城村由此翻开了参与式玉米育种的新篇章。桂糯 2006 的引进种植，除了满足当地农户自己食用的需要，也为当地农户尤其是留守妇女带来一定的现金收入。而种子生产在满足当地农户的生产需要的同时，也对外销售，一般都是由合作社收购后再统一销售，种子价格比市场价格便宜一半，这减少了种子的投入成本，同时也能使当地生产农户有一定的现金收入、从中受益。更重要的是，通过参与式引种制种试验和生产销售，育种小组更系统地了解了玉米育种、鉴定和评估的关键环节和基本技能，为今后参与式育种的广泛开展积累了知识和经验，为促进当地参与式育种的发展奠定了基础。由于该品种受使用权保护，能满足制种隔离条件的土地有限，生产量受到一定影响，制约了这一品种在当地的发展。

4.1.2　墨白墨黄杂的选育与利用

　　墨白墨黄杂是以本地墨白作母本、本地墨黄作父本组配的玉米品种间杂交种，由上古拉屯的蓝金元和蓝爱美两位妇女于2013 年选育而成。上古拉屯一直都有种植本地玉米品种本地墨白和本地墨黄，面积 20～30 亩，部分地块属于水泡地，除了降低种子成本、减少风险等种植原因，也是出于对食品安全（担心有转基因品种）、口感及发展生态农业的考虑（本地品种更多的是作为玉米粥食用而非饲料）。为了提高本地品种的产量，参与式育种小组一直在对本地墨白和本地墨黄提纯复壮、筛选留种并用作亲本，与商业杂交种进行杂交改良或品种间杂交试验。

　　这个品种杂交制种方法简单易行，只需在本地墨黄种植农田里同期间种两行本地墨白，在雄花抽雄期散粉前去掉本地墨白的雄花，收获期收取本地墨白母本行选留种即可。该品种在部分保留本地墨白风味的同时，杂交后籽粒颜色变黄，满足了农户对籽粒颜色及口味的要求。同时，该品种的种植产量比两个亲本高：墨白墨黄杂（275～325 千克/亩）＞ 本地墨黄（250～275 千克/亩）＞ 本地墨白（225～250 千克/亩）。

该品种目前在当地有较大面积的生产应用。2013—2018年累计制种面积 1 公顷，涉及农户 63 户。由于制种简单，制种面积虽变化不大，但参与制种的农户逐年增加，达 137 户，累计种植 9.57 公顷（表 3）。

表 3　2013—2018 年墨白墨黄杂制种及生产情况

年份	2013	2014	2015	2016	2017	2018	合计
制种户数（户）	2	8	9	10	13	21	63
制种面积（公顷）	0.23	0.11	0.12	0.13	0.15	0.26	1.00
生产户数（户）	15	16	18	12	17	59	137
生产面积（公顷）	0.29	0.48	0.2	0.73	1.00	6.87	9.57

从表 3 中还发现，2018 年玉米品种墨白墨黄杂种植面积达到峰值。"一场暴雨水涟涟，三天无雨地冒烟"，这是当地气象灾害的真实写照。据农户反映，上古拉屯连年发生大风及水灾，对当地玉米生产造成了较大的损失，包括本地玉米品种、商业杂交种在内因暴雨水灾倒伏，严重歉收。部分歉收农户连种子钱都收不回，加上近年商业种子价格居高不下，2018 年商业种子价格达到 70 元/千克，而种植商业品种亩产仅比本地

培育品种墨白墨黄杂高 37.5～50 千克。因此，农户选择自主生产的墨白墨黄杂，在节省购买种子支出的同时，因该品种比商业种早熟，如在下半年种可以早种早收，还可以避开干旱天气，这就是 2018 年该品种种植面积扩大的原因。

墨白墨黄杂是农户主导的参与式育成品种，充分反映了农户对品种的真实需要，也体现了参与式育种在应对气候变化过程中的成效，为农户生产生计和生态种植发挥了积极作用，同时，也极大地鼓舞了农户开展参与式育种的信心。

4.2　参与式驯化筛选蔬菜品种

上古拉屯和其他乡村一样，各家各户历来都有种植蔬菜满足自己需要的习惯，种植品种有自己留种的也有市场上买回来的。2008 年，由于广西本土社会组织爱农会的进入，蔬菜的有机种植开始在社区展开，为了满足爱农会土生良品生态餐厅对蔬菜品种多样化和有机种植的需要，参与式育种小组在陆荣艳的带领下，逐渐开始引进、驯化野生蔬菜，并从中筛选适应当地气候环境及生态种植要求的蔬菜品种，后将筛选出的品种分发给其他农户，并对农户进行相关栽培技术的培训。南瓜苗、甘薯叶、空心菜、韭菜、葱、姜、蒜、一点红、枸杞叶、佛手瓜苗等 18 个蔬菜品种都是在这一过程中筛选出来的。

蔬菜生产规模 2008 年仅为 5 户 2 亩菜地，2012 年，发展到 39 户 27 亩有机菜地，为生态餐厅供应蔬菜 21 689.25 千克，当年市场销售收入 21 069 元，合作社成立以来累计总收入 153 402.4 元。因为小组成员都是家里的非主要劳动力（主要是老年人和妇女），虽然这些收入不多，但也可以解决她们的部分日常开支。

由于生态餐厅的需求下降等原因，2013 年开始，蔬菜种植受到较大的影响。为了解决、适应市场问题，陆荣艳及村民们摸索出了一条新路——集中发展佛手瓜苗生态种植。佛手瓜苗是陆荣艳从山里引进驯化后扩大栽培的，具有生育期长、采收期长、管理粗放、产量高等特点，非常适合目前农村劳动力不足状态下的产业发展。由于打开了市场，2016 年，佛手瓜苗发展到了 32 亩，年销售达到17 700千克，总收入 120 900 元。2019 年，佛手瓜苗的种植面积更是达到了 60 亩，按 5.0 元/千克，年产 1 750～2 500 千克/亩，社区仅佛手瓜苗一项年收入就达 525 000～750 000元；参与式佛手瓜苗筛选引种，还因此吸引了一批年轻人的加入，而对于留守的贫困户而言，除了种菜收入，还可以通过帮其他人收菜而获得每天100 多元的收入。

参与式蔬菜筛选引种丰富了社区的生物多样性，推动了蔬菜生态种植的产业发展，对扶贫助困、乡村振兴起到了推动作用。

5 其他行动研究成果

5.1 社区种子库建立

通过参与式工具培训学习，上古拉屯农户加深了对社区种质资源保护重要性的认识，学会并开始进行社区资源登记。截至 2018 年，上古拉屯资源登记共计 93 个品种，包括玉米品种 6 个、麦类品种 3 个、豆类品种 11 个、甘薯品种 6 个、瓜类品种 9 个、果类品种 13 个、蔬菜品种 18 个、中草药品种 25 个、其他品种 2 个。同时，于 2017 年建立社区种子库，通过利用参与式选留种的方式，对已登记的部分品种进行繁育保存、交换和展示。

5.2　社区种子展示交流

从 2005 年开始，每年举办农民参与式生物多样性种子交易暨乡土文化交流会，使上古拉屯地方品种的多样性保护得到加强，通过交流交换扩大了地方品种种植范围，同时通过交流引进新品种也丰富了当地的生物多样性。"我从来没想到在这里会有这么多作物的品种""我从来没见过这种玉米种子"，农户的这些话在交流会中时常能听到。2011 年在罗城举办的参与式育种与生物多样性展示暨传统文化交流会，各地农户带来的品种共计 210 个，而上古拉屯带来 16 个品种（玉米品种 4 个、豆类品种 5 个、菜类品种 5 个），另外还带来了棉花等品种，同时带走了九圩的墨白玉米、红饭豆、苦瓜和武鸣的 7 种草药。

5.3　成立农民文化剧团

上古拉屯是瑶族聚居村，每逢喜庆节日，妇女都喜欢跳打榔舞。2005 年，罗尼·魏努力因为参与式育种培训等需要，在上古拉屯认识了打榔舞，于 2006 年邀请村里的文艺队到中国农业大学演出。为了增加节目的观赏性，社区决定成立马山县古寨瑶乡农民剧团，人员也由原来的参与式选育种妇女小组的 10 余人增加到 31 人，吸引了 7 位男性的加入，排演了 8 个节目。在参与式育种项目的支持下，剧团在中国农业大学演出，到场观看者有 1 200 次，取得了较好反响。本次活动极大地推动了农民剧团的发展，吸引了地方政府的关注，也使打榔舞这一民族舞得到了传承。打榔舞于 2014 年获得"南宁市非物质文化遗产"称号，2015 年获得"广西壮族自治区非物质文化遗产"称号，陆荣艳成为非物质文化遗产传承人。同时，由于剧团的成立及活动的开展，聚拢了人心，村里参与赌博的人减少了，参与集体活动的人员数量及其积极性都有了很大的提高。

5.4　成立社区发展基金

在参与式育种项目的支持下，2004 年，上古拉屯成立了社区发展基金，本金 2 万元，主要用于生态种养的生产资料投入、小额信贷、贫困家庭帮扶等。在社区发展基金的支持下，发展种植有机蔬菜、养殖有机土猪，到 2011 年共有 13 户农户参与有机种植养殖，年销售额超过 10 万元。截至 2018 年，该项目已帮助 70 名农户，其中一些家庭是贫困户。项目既作为小额低息贷款向个体农户提供支持，又作为集体投资和活动基金，如采购育种材料或水泵。该发展基金也惠及非合作社成员，已经向 34 户非合作社成员家庭提供了贷款。

5.5　成立生态种养专业合作社

上古拉屯结合参与式蔬菜引进筛选开展的生态蔬菜种植，

从 2008 年最初的 5 户 2 亩，发展到 2020 年的 96 户 150 亩。目前，合作社已成为马山县古寨乡产业发展的龙头，在蔬菜种植销售等方面取得了长足发展，为农户脱贫致富和乡村振兴提供了很好的平台。

5.6　参与式行动助推激励机制建立

参与式行动过程中，成员间有分工也有合作，为了工作可持续发展，集体讨论后通过以下方式给成员以激励：一是提供技术激励，包括对合作社社员的技术指导，如传统品种的提纯复壮技术、玉米杂交技术以及蔬菜品种筛选与种植技术等；二是提供资金支持，通过社区发展基金向需要资金支持的农户提供小额低息贷款；三是提供市场销路激励。随着社区参与式活动的不断推进及产业发展的变化，激励机制的方式方法也在不断的调整当中并一直延续至今。

6　妇女能力和自信培养

上古拉屯 35 周岁以上的妇女因为年纪大不好找工作，同时也因需要照顾孩子而留守家中，而男性多外出打工。所以，参与式育种、农民剧团、有机蔬菜种植销售等活动基本由留守妇女完成，妇女通过参与交流培训等相关活动相互往来沟通，生产技能、人际交往能力及经济收入都有了很大的提高，对社区建设和发展也发挥了越来越重要的作用。

以社区骨干陆荣艳为例。2000 年项目启动，她由一名打槟队的小组长开始，通过外出学习培训，成立参与式选种妇女兴趣小组并任组长，之后担任参与式育种组组长，2004 年成为社区发展委员会负责人，2005 年升任村民委员会副主任，2012 年兼任合作社理事长，2015 年任村民委员会主任兼村党支部书记。妇女每一次角色的转变都是一个成长的过程，其间综合能力及自信心都得到了很大的提高。

7　社区能力建设

通过开展各种活动，为社区农户尤其是留守妇女参与社区活动提供了更多的机会，对社区的组织建设、能力培养及凝聚力发挥了重要的作用，为社区发展提供了有力的保障和支持。举办农民田间学校促进社区内部的交流，外出学习提高种植养殖技术和管理水平，农户在参与式选育种的过程中加强了合作，提高了社区的社会资本水平。

8　政策探索和影响

参与式育种项目自 2000 年在广西开展，见证了农家种不断得到正规机构认可并被陆续利用到杂交种选育的过程。与此同时，由于杂交选育是个漫长的过程，存在着很多不确定性，种质资源在此过程中不断地被筛选和重组，因此，很难直接从某个杂交种上看到农家种质的具体贡献。技术上的难题并不能成为回避农家种质及其保存者的贡献的理由。以多年合作为基础，参与式行动研究项目组协助和支持广西壮族自治区农业科学院玉米研究所和水稻研究所，与项目社区约定利益分享的具体协议，制定了《玉米、水稻农家种就地保持和改良协议》和《利用玉米、水稻农家种进行杂交选育协议》。2010 年 6 月 21 日，在广西南宁，科研机构与各参与式项目点分别签署了以上两份协议。上古拉屯作为项目社区，由陆荣艳代表签署了以上协议。协议的签署进一步推动了桂糯 2006 在参与式项目社区的生产和销售，在使地方品种得到保护的同时，鼓励了社区农户积极开展参与式品种改良和品种选育。

9 总结和展望

上古拉屯以参与式育种为切入点，以地方品种、生物多样性保护、社区能力建设、乡村综合发展为日的，自 2000 年项目成立以来广泛开展了社区农作物资源登记、参与式选育种、田间试验、技能培训、外出交流等相关活动，先后建立了社区发展基金、生态种养合作社、农民剧团等农民组织，登记保存了 90 多份地方资源，引进、改良、培育了 10 多个玉米蔬菜品种，培养了陆荣艳、蓝海清、蓝爱美、蓝金元等社区带头人，使社区在品种保护、文化建设、生计生活、生态种植养殖产业等方面都取得了较大的进步，极大地推动了地方品种的保护和利用、生态种植养殖产业与社区综合发展。基于参与式育种平台的农作物品种、生物多样性保护和利用，现在和将来都将会是上古拉屯农业产业发展及乡村振兴的原动力和坚实基础。结合当地乡土文化，继续开展本地品种保护、培育、创新、利用等活动，助推乡村综合发展，上古拉屯的明天会越来越好。

参 考 文 献

聂智星，杭晓宁，罗佳，王苗，王云龙，吴小园，赵团结，2008. 以农民为中心的参与式植物育种研究进展［J］. 中国农业科技导报，10（6）：48-55.

潘群英，黄柏玲，罗尼·魏努力，宋一青，2004. 参与式植物育种 促进作物品种改良和生物多样性［J］. 贵州农业科学（5）：80-81.

乔玉辉，齐顾波，顾惜思，卜慧明，等，2016. 中国农业可持续发展的多元化路径［M］. 北京：中国农业科学技术出版社.

小农与科学家促进农家种活态保护利用：以云南石头城村为例[*]

□ 田秘林　宋鑫　李管奇　梁海梅　张艳艳　庄淯棻

▣ 1　引言

　　石头城村深居在滇西北玉龙雪山一带的金沙江河谷地带。这里地处青藏高原和喜马拉雅山系的泛第三极区域，澜沧江、金沙江、怒江在此并行奔流 170 千米，形成"三江并流"奇观，不仅是生态系统和生物文化最丰富的地区，也是多元民族文化聚集之地。石头城所在的金沙江流域是长江文明的上游，农耕与游牧文化在此融合发展。这里生态屏障功能突出，受到特殊地形的影响，形成了典型的干热河谷气候。近年，河谷地带的生态条件愈发脆弱，滑坡、泥石流等自然灾害多发，频繁的经济活动、不合理的土地开发利用，进一步加剧了水土

　　* 本案例得到中国科学院 A 类战略性先导科技专项的资助，任务编号：XDA20010303。

流失。

距离云南丽江市区 127 公里的石头城村是金沙江流域颇为典型的纳西村落，因坐落于蘑菇状巨石而得名。截至 2019 年，石头城村有 5 个村民小组，247 户 814 名居民，其中纳西族 794 人。石头城村是以农业为主的纳西族山地社区，村内有梯田 1 026 亩、旱耕地 92 亩。虽然人均耕地面积仅为 1.37 亩，但作物及其品种数量十分丰富，主要粮食作物小麦、大麦、玉米、马铃薯，丰富的豆类、蔬菜、南瓜、蔓菁，以及核桃、花椒、果树，形成了一套高效而富有活力的混农林耕作系统。

2013 年，中国科学院农业政策研究中心参与式行动研究团队①以石头城村为中心，开展农业生物多样性基线调研。调研结果显示，1980 年以来，当地农户种植的传统农作物和农家种数量呈下降趋势，特别是自 2007 年起农家种流失速度加剧，杂交种使用比例呈迅速上升趋势（图 1）。

大量使用杂交种导致本地作物品种消失，而日益干旱的气候条件也促使种植结构发生变化，大多数农户在大春季节已经放弃种植水稻，改为种植玉米。尽管石头城村依然保留了丰富的自然资源与农耕传统，但如何应对水资源短缺，是石头城人无法回避的难题。金沙江干热河谷地带的种植季节分为"大春"（每年 5—10 月）和"小春"（11 月至次年 4 月）。每年

---

① 2018 年后该团队并入联合国环境规划署-国际生态系统管理伙伴计划（UNEP - IMEP）。

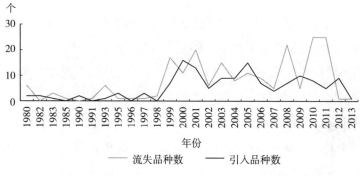

图 1　石头城 1980—2013 年品种的流失及引入情况

3—5 月是大春季节最繁忙的时段，种子要赶在芒种前下地。在石头城村民看来，近年大春季节干旱情况比较严重，已经形成"十年九旱"的说法。传统的水稻种植转变为玉米和小麦旱作轮作，田间地头的农家品种越来越少，农业生产和农户生计在面对干旱、雨季推迟等不可预测天气时变得愈发脆弱，更加容易遭受极端天气的冲击。

　　中国科学院参与式行动研究团队在广西已从事近 15 年的农民种子系统研究，通过参与式选育种连接起农民种子系统和正式种子系统，探索出了上述两个种子系统间协同增效的可行模式。2013 年 12 月，中国科学院参与式行动研究团队在丽江市和石头城举办了农民的种子暨传统文化展示交流会，来自国内外的参与式选育种社区代表、研究人员和政府官员都来到了石头城。广西马山县上古拉屯的育种能手陆荣艳带着合作社的姐妹，向石头城村民分享了她们学习参与式选育种的经验、成果。在陆荣艳的启发下，一部分石头城村民决定参与农家种保护利用工作，摸索具有石头城村特色的种子与生态文化保护路径。

2 行动研究方法

2.1 参与式选育种

通过参与式方法培育村民的自主意识，村民成为石头城村发展的主体。在 2013 年 12 月的展示交流会之后，石头城的五位骨干——和善豪、张秀云、李瑞珍、木文川、木义昌，组建了社区参与式小组。在参与式行动研究团队的支持下，广西壮族自治区农业科学院玉米研究所的育种家通过实地教学、远程指导，手把手地向村民传授参与式育种、参与式选种、提纯复壮、制种等技术。

小组成员细致盘点社区农家种的"家底"，编录《社区资源登记册》，设立农民田间学校在田间地头分享试验成果、经验，传授选种育种技术。随着育种成果的逐步丰富，小组在村里的公共空间建立了社区种子库，还通过种子田机制保持种子库里种子的活态、流动，展示丰富多样的农家种和改良品种，唤起村民的保护意识并吸引村民参与进来。

2.2 社区交流与知识传递

石头城村与广西的上古拉屯结为姐妹社区。上古拉屯的参与式选育种成果——桂糯 2006 玉米品种被引入、分享给石头城村，石头城村则将种子生产经验吸取回来，学习上古拉屯姐妹分享的参与式选育种心得与经验。石头城村参与式小组成员传承姐妹社区的精神，将选育种成果接力传递到金沙江流域纳西村落——油米村、拉伯村和吾木村。2019年，4个纳西村落的村民自发成立了纳西山地社区网络，彼此分享种子和传统生态文化保育的成果、经验。

3　项目合作伙伴和合作过程

3.1　农户为主体、社区为基础的参与式选育种项目

石头城村的参与式小组有5位骨干成员：和善豪、木文川、木义昌、李瑞珍和张秀云。和善豪是老年协会会长，带领社区的老人传承传统文化，凝聚社区共识。木文川书记和木义昌村主任对纳西文化有着与生俱来的自豪感，也对祖辈传承至今的农家种子感兴趣。李瑞珍是妇女文艺队队长，从小在村里长大，终日与土地为伴，梯田上总有她劳作的身影。张秀云从小受父亲影响，对种子有着浓厚的兴趣，敢于学习知识和探索创新。此外，村里的卫生员和秀勤，也时常通过乡村卫生站分享她自己的育种成果。

3.2　传统知识与现代科学的结合

石头城村参与式选育种行动的技术支持，来自广西壮族自治区农业科学院玉米研究所的程伟东、黄开健、覃兰秋、谢和

霞等育种家。育种家们多次来到金沙江边的梯田实地指导：石头城村民向远道而来的育种家们分享当地的传统农耕经验，提出他们在选种育种试验过程中遇到的问题；育种家们毫无保留地向村民传授提纯复壮技术，在育种试验的每个关键时间点来到石头城跟踪指导，并在微信群里答疑解惑，陪伴骨干小组成员成长。

3.3　协作者与社会组织的协助

石头城村的参与式行动也离不开协作者和社会组织的协助。自 2013 年起，已邀请到的学术研究团队有：中国科学院农业政策研究中心、中国科学院昆明植物研究所（丽江高山植物园）、中国农业大学、云南农业大学、云南大学。石头城村还得到了国内外社会组织的支持，包括联合国环境规划署-国际生态系统管理伙伴计划、联合国发展计划署、国际生物多样性研究中心、国际环境与发展研究所、香港乐施会、国际生物多样性中心、国际山地原住民网络等。

3.4　重视农家种及传统文化

2014 年 4 月，木文川、张秀云前往秘鲁库斯科参观土豆公园（Potato Park），看到和石头城同为高山社区的原住民部落坚持使用传统的农耕工具和耕作方法，保存着世界上最丰富多样的土豆品种。几天的交流、体验，使他们在土豆公园看到了尊重传统的信念，感受到了对种子多样性的敬畏。木文川回忆起小时候经历的传统文化活动——披麻戴孝，这是石头城村的悠久传统，由于传统织布工艺复杂，布匹在市场上越来越容易买到，麻的种子和麻布的使用习惯便消失了。2015 年，木文川在大山徒步过程中意外地找到麻的种子并带回试种，使麻的种子又生长在了石头城的土地上；木文川号召村里的织布手艺人恢复传统织布技术，恢复传统麻布的使用。2015 年 9 月，李瑞珍、木义昌带着石头城的白酒和腊肉在北京参加国际慢食活动，白酒和火腿双双被国际慢食协会列入中国美味方舟名录，传统的种植养殖结合方式和中草药资源被大众认可。木义昌受到激励，回到村子后跟着精通草药的老农学习草药知识，通过行动体现保护农家种和传统文化的迫切性。

4　参与式选育种取得的成果

4.1　参与式选育种的直接成果

经过多年参与式选育种行动，石头城村的种子多样性越来越丰富。2015 年，木义昌带头开展参与式大豆选种试验，通过鉴定各试验品种的地方适应性、经济性状、增产潜力、稳产性、抗逆性等特性，经过 3 年的时间，从引进的 37 个品种中选出 8 个满意品种，分发给村民种植。2014 年，和秀勤将引入的桂综糯玉米品种分发给 30 多户农户，因为桂综糯的口感好，受到了石头城人的喜爱，村民也有意识地开始留种（表 1）。

表 1　石头城村丰富的品种多样性

来源	品　　种
从社区之外引进的 34 个品种	桂糯 2006、桂综糯、桂苏粽、莫宜糯、DPR905 - 2、DR901、DM91、PR501、PR619 - 2、黑糯 601、黑糯 518、P12、P11、P9、中墨 1 号、黄玉米、怀远糯、广西黄玉米、水果玉米、油米糯玉米、吾木糯玉米、苎麻、藜麦、油米饭豆、羽扇豆、白眉豆、黎豆、大豆桂春 15 号、大豆桂春 13 号、大豆桂春 11 号、大豆桂春 8 号、丽江库区黄豆、美泉大黄豆
其中自广西上古拉屯引进的 4 个玉米品种	桂糯 2006、桂综糯、桂苏粽、莫宜糯
自广西壮族自治区农业科学院玉米研究所引进的 14 个玉米品种	DPR905 - 2、DR901、PR501、PR619 - 1、PR619 - 2、黑糯 601、黑糯 518、P12、P11、P9、中墨 1 号、黄玉米、怀远糯
	适应石头城气候并保留下来的有以下 8 个玉米品种：DPR905 - 2、PR501、P12、P11、P9、中墨 1 号、黄玉米、怀远糯

4.2　社区种子库和活态保存机制

随着品种日渐丰富，2016 年，参与式小组于 2016 年建立了石头城社区种子库，成立以妇女为核心的管理小组，制定管理章程，将育种试验成果和本地特色、濒危种子收集并保存于种子库。社区种子库选址在村中老年活动中心，有利于村民接近种子库，了解种子保护的重要价值。中国科学院昆明植物研究所（丽江高山植物园）的专家为种子库提供了技术支持。社区种子库分门别类地展示和陈列本地传统品种、参与式选育种试验品种、野生草药品种、外地引入品种，截至目前，总共收集并保存 109 个品种，其中 70 个本地品种、22 个黄豆试验品种、17 个玉米试验品种（表 2）。

表 2　石头城社区种子库保存的种子品种数

类别	玉米	豆类	小麦	水稻	高粱	花生	其他	合计
数量（个）	23	34	8	8	4	2	30	109

2017 年，社区种子库管理员李瑞珍自主更新种质资源，从种子库里取出 16 个品种（7 个豆类品种和 9 个玉米品种），在自家农田做适应性繁种试验，探索更新、活化种子的"种子田"机制。她为每个品种都制作了信息牌，定期记录种子田的进展并在微信群里分享最新动态。通过种子田，种子库里的种子在社区的田间地头不断更新、演化，保持活态。

5　妇女能力和自信培养

石头城村涌现出了农民育种家，像张秀云、李瑞珍、和秀勤这样的本地人才，这些勤劳的纳西妇女在学习、交流中不仅掌握了育种技术，也拓展了眼界，提升了文化自信。2014 年，张秀云开始尝试桂糯 2006 制种，但雨季的到来让收获的亲本出现腐烂，不得不舍弃。2015 年，上古拉屯再次寄来桂糯 2006 种子，张秀云吸取上次的教训，在育种家耐心指导下，终于掌握桂糯 2006 制种技术。张秀云将制种技术传授给身边姐妹的同时，开始更加大胆的尝试，用秘鲁紫白玉米与桂糯 2006、桂综糯杂交，试验持续开展 4 年，性状和适应性已经基本稳定。由于参与式小组妇女成员对种子适应性改良做出贡献，张秀云选育的桂糯 2006 杂交种被命名为"秀云 1 号"，秘鲁紫白玉米授桂粽糯 2006 命名为"秀云 2 号"。李瑞珍选育出的桂糯 2006 杂交种被命名为"瑞珍 1 号"。2016 年，张秀云、李瑞珍前往墨西哥坎昆参加《生物多样性公约》第十三次缔约方大会（CBD CoP13），代表石头城人在大会上分享参与式选育种的经验和体会，展示纳西文化的风采。

6 社区能力建设

经过多年参与式选育种试验和传统生态文化保护工作，参与式小组成员的技术、能力和意识都稳步提高。2016 年 5 月，石头城村迎来秘鲁、塔吉克斯坦、吉尔吉斯斯坦、尼泊尔等国内外的专家学者和农民朋友，村民们从容自信地介绍石头城的纳西文化和农耕知识，分享社区发展基金的运作经验和村规民约。参与式小组意识到，一个村庄的力量是有限的，并陆续与金沙江流域的纳西村庄——油米村、拉伯村和吾木村共建纳西山地社区网络。通过纳西山地社区网络，石头城村积累的参与式选育种经验和成果，传递给了其他 3 个村庄的村民，种子和知识在村落间流动、传承。

◻ 7 政策影响

　　石头城村的参与式选育种试点经验借助各个平台推广、传播，引起了社会各界对农民种子系统强化和农业生物多样性在地保护利用的重视。2016 年 5 月，石头城村民们迎来国际山地原住民网络的代表，来自不同国家的近 40 位专家学者、政策制定者以及 35 位农村社区代表，在"山地原住民社区生态文化系统——减贫和可持续发展"主题研讨会上发布了《石头城宣言》，其中的政策建议已于 2016 年 11 月在摩洛哥马拉喀什召开的联合国气候变化框架公约第二十二次缔约方大会上提出，呼吁国际社会关注山地社区应对气候变化影响的生态系统和生计活动。

　　2019 年 1 月，石头城村和纳西山地社区网络成为中国科学院泛第三极课题下的"丝路环境"专项可持续生计示范点，探索环喜马拉雅区域和三江并流区域促进农业生物多样性在地保护利用、社区可持续生计发展、气候变化应对的行动路径。2019 年 3 月，丽江市相关部门到石头城村考察，对石头城村开展的农家种保护和纳西传统文化保育工作给予肯定，希望石头城村与科研单位、社会组织继续密切合作，保护好祖辈留传下来的种子。石头城村的参与式选育种经验及其扩展出的纳西山地社区网络，是社区组织、科研机构和社会组织通过参与式行动研究共同探索的成果，为促进农业生物多样性在地保护利用、区域可持续发展，提供了案例参照和政策示范。

基于社区生物多样性的管理：
以云南哈尼族为例

□ 王云月　陆春明　韩光煜　朱怡凡
　姜　波　黄　玲　王红崧　李　享

1　引言

哈尼梯田位于云南省南部，哀牢山南段，遍布于红河哈尼族彝族自治州的元阳、红河、金平、绿春四县，总面积达 82 万亩，据载已有 1 300 多年的历史。哈尼梯田是红河境内以哈尼族为主的山地民族的先民们充分利用哀牢山的特殊地理气候条件，凭借聪明才智开垦出的农耕奇观，是这些山地民族生存和发展的基本方式，承载着这些山地民族所有的衣食住行和喜怒哀乐。2013 年 6 月 22 日，在柬埔寨举办的第 37 届世界遗产大会上，经世界教育科学及文化组织确定，哈尼梯田被列入世界遗产名录，成为中国第 45 处世界遗产，也成为我国首个以民族名称命名的世界遗产，标志着人类文明对其价值的认同和肯定。

哈尼梯田是世界山地民族农业生产水平的最高成就和典范，是突破耕地和水资源制约的经典案例。哈尼梯田稻作系统是哈尼梯田的灵魂，既是哈尼文化的源泉又是文化的载体。哈尼人的一切活动都是围绕着稻作活动展开的，而传统稻作的核心对象就是传统水稻品种。在1 300多年的哈尼稻作历史中，经过自然和人工筛选，逐步形成了适应哈尼高山生态系统的大量农家品种，这些丰富的地方稻种资源及其遗传多样性则是保障哈尼梯田稻作可持续发展的基础。

哈尼人通过本土知识保护生物多样性和生态系统功能，形成了一整套较为科学、严谨的梯田耕作制度和富有民族传统文化精神的土地、森林和梯田管理制度，涉及农田营造、水利灌溉、谷种选种、田间管理等，以满足粮食、农业、社会经济文化需求和维持当地生态系统服务功能，并在长期的稻作活动中选育出众多适应当地地理气候的水稻品种。为了更好地保护哈尼梯田，发掘哈尼人山地稻作管理和可持续农耕传统知识，推动传统水稻品种的保护和可持续利用，云南农业大学王云月教授课题组从种子入手，分析哈尼梯田种子系统和传统留种换种在维持当地稻种多样性的作用，并通过实地调研、访谈、培训、社区种子库建设、田间试验示范展示、农民田间日和生物多样性日等活动，了解当地社区传统水稻品种多样性及其利用现状，理解农民种子系统的驱动力以及传统稻作对维持梯田可持续发展的作用，提升村民保护和可持续利用生物多样性的意识及能力。

2 行动研究方法和合作伙伴

从 2008 年开始，课题组对哈尼稻作种子系统进行了系统和持续的研究，研究方法包括问卷调查、半结构和入户访谈、稻种收集和评价、水稻品种农艺性状和病虫害抗性调查与评价、田间试验展示、社区种子库建设、农户培训、农民田间日和生物多样性日等活动。

合作伙伴包括：云南农业大学、国际生物多样性中心、云南省农业科学院、元阳县农业科学研究所、元阳县农业技术推广中心、元阳县种子站、元阳县新街镇等。

3 参与式选育种取得的成果

哈尼族以传统稻作为耕作核心，然而哀牢山南段的元阳、红河、金平、绿春等地绝大部分山多地少，哈尼人为了种植水稻不得不依山开田。经过数百年不断的开垦，哈尼梯田的高差已超过 1 000 米，这一过程中哈尼人也在不断培育多样化的水稻品种来适应各种不同的生态环境，并形成了独特的水稻留种、换种及参与式育种方式和耕作文化。经过哈尼人长期选育和耕作，哈尼梯田保有异常丰富的地方水稻品种多样性，目前仍在种植的地方水稻品种超过 100 个。

这些品种的命名富有当地特色，如绿脚谷、车然、车努、红皮糯、爱者然谷、白脚老粳、慢车红略、红脚老粳、我夫车做、月亮谷、花矮谷、丫多谷等，适宜种植海拔960～1 946米，无论在农艺性状表型还是在分子水平上都具有丰富的遗传多样性，具有广泛的抗逆性和稳定的适应性，在面临重大病虫害、气候、环境变化时表现出良好的缓冲能力，同时许多品种富含多种微量元素和较高水平的16种氨基酸，营养价值较高；同时，为了满足手工脱粒的需求，当地水稻品种落粒性普遍较强。此外，为了满足祭祀、建造蘑菇房屋顶、制作青贮饲料以及稻田养鱼、鸭、泥鳅、蟹等多样化的需求，哈尼人在选择和培育水稻品种时也有着多样化的目标，在经过长期持续的选择后形成了目前元阳梯田异常丰富的水稻品种和遗传多样性。

1956—1982年，元阳县曾先后进行4次种子普查，其县域内有196个传统品种，其中籼稻171个、粳稻25个、另有陆稻47个；1999年王清华在其著作《梯田文化论》中提及哈尼族拥有180多个稻谷品种；2010年发表的一项调查研究结果显示，元阳梯田核心区30个村寨保有135个具有不同名称的水稻品种。然而，我们也发现，随着社会经济的发展，当地的稻种多样性和稻作文化正面临严峻的挑战。一是大部分农户不能清楚地认识他们拥有的水稻品种和稻作文化的价值；二是基础设施和社会经济的发展，使得部分需求（如建造屋顶）逐渐消失；三是青年人的外流和文化习俗的改变，也造成稻作文化后继无人；四是越来越多的农户倾向于选择高产的现代品种或种植经济价值更高的其他作物。为了推动元阳梯田水稻传统品种和稻作文化的保护和可持续利用，提升当地农户和政府部门对稻种遗传多样性和种质资源的保护意识和能力，课题组在 2015 年启动了元阳哈尼社区种子库建设，截至 2018 年，种质库共收集保存了 104 个地方传统水稻品种并建立种子档案。元阳社区种子库的构成包括种子保存柜和繁种基地。其中种子保存柜为种子常温保存设施，设置在元阳县新街镇农技站。采用种子瓶密封保存，建立了保存水稻种子的相关农艺性状、产量、抗逆性（病虫、低温、冻害）、用途及利用价值的档案。繁种基地位于新街镇箐口村，海拔 1 660 米，其作用是种子库繁种、田间展示及收集品种相关数据信息。种子库的管理团队由社区农民、水稻科学家、当地农技人员、政府相关部门工作人员等共同组成，负责水稻种子收集鉴定和评价、制定种子库管理规章和获取种子程序、组织培训和能力建设等活动。

元阳社区水稻种子库的首要任务是向当地农民提供优质的传统水稻种子。农民在社区水稻种子库获取种子的方式有两种：种子交换和种子借用。种子交换即农民以自己拥有的品种与社区种子库交换需要的种子；种子借用主要针对没有种子贮藏且缺乏种子来源的农民，在水稻播种之际，此类农民可以从社区种子库无偿获得种子，但需签订协议承诺水稻收获后返回同样的种子。所有参与哈尼梯田社区水稻种子库种子交换和种子借用的农户，在还回种子时必须标注品种、收获地及种植管理等信息。

▣ 4　其他行动研究成果

4.1　元阳梯田水稻民间种子系统

2010—2014 年，课题组对元阳哈尼梯田农户种子系统开展了一项连续 5 年的调查研究，覆盖了元阳梯田核心区 10 个村寨近 450 户农户。调查发现，农户的种子来源共有 4 种渠道，即自留种、农户间种子交换、来自政府的种子（如良种推广等项目）以及从商业机构购买种子。

尽管农户从这 4 种渠道获得的种子比例在年度间会有一定的差异，但自留种和种子交换这两个渠道的种子量占比始终维持在 80% 以上，这意味着民间种子系统在元阳梯田水稻种子中一直占据主要地位。农户自留种和种子交换的比例在年度间差异较大，如 2010—2011 年换种比例高达 70% 以上，而 2012—2013 年种子交换比例仅为 45%，这是由于当地约四分之三的农户习惯于每三年换一次种且农户换种行为具有一定的从众性。

元阳梯田的农户在换种时对水稻种子来源的选择也有一定的偏好，其中村寨内换种和区域内村寨间换种的比例约为 2∶1，而与区域外换种的比例不到 1%；绝大部分农户会选择水平距离 1 000～4 000 米范围内、垂直高差 200 米内的种源，并对种源来自较高、相同或较低海拔没有明显的偏好。这一换种方式在维持当地水稻品种内和品种间遗传多样性的同时，也保障了传统水稻品种的遗传稳定性和独特性。

换种间期，梯田农户一般采取自留种的方式准备第二年的水稻种子，留种和选种的方式主要有三种，即全选、块选和穗选。全选即农户在收获后将所有田块的稻种混合，并从中筛选出饱满、优良的种子作为种源；块选即农户在收获前观察田间长势，选取表现优良、结实率高的田块并从中收取种子作为种源；穗选即农户在收获前从田间挑选长势好、健康且籽粒饱满的单株，并单独脱粒作为种源。元阳梯田约50％的农户选择块选作为留种方式，全选和穗选的比例各约占25％左右。农户选择留种的方式受到多种因素的影响，稻田面积较大的农户一般会采用全选和块选，而稻田面积较小的农户则多采用穗选方式留种；劳动力缺乏的农户一般不会选择穗选，而文化程度较高、对水稻品种纯度要求较高的农户则会采用穗选的留种方式。

元阳梯田丰富的稻种多样性，得益于当地发达的民间种子系统和多样化的换种留种方式，经过哈尼族、彝族等先民数百年连续不断的选育和交换，逐步形成了元阳梯田独具特色的水稻品种体系和梯田稻作文化，并在引进外部新遗传种质和维持内部遗传稳定性之间实现了平衡。

4.2 农村生计

哈尼梯田将哈尼族传统稻作文化、梯田景观和稻米紧密相连，尤其是申遗成功之后，每年都会吸引大量游客观光体验，而通过农村合作社打造的梯田红米（云南优质米）、梯田泥鳅等产品也因其符合有机、环保、健康要求，加之赋予哈尼农耕文化内涵等特质，获得了许多消费者的认可，销往各大城市，为当地社区和农民带来可观的收入。

5　社会性别分析与妇女能力和自信培养

在哈尼梯田传统稻作文化中，女性参与稻种选育、换种、耕种等决策，发挥着重要的作用。在社区种子库建设、品种展示、社区能力建设等活动中，课题组也特别重视妇女的作用并培养女性能力和自信，包括邀请妇女参与提交和展示水稻种子、登记品种和描述性状、种子档案及种子库建设、参与田间试验示范、参加田间日和生物多样性日等活动。哈尼族妇女在这些活动中表现积极主动，展现了妇女在农事活动中的重要作用与地位。

6　社区能力建设

社区能力建设是哈尼梯田及其稻作文化的保护和可持续发展的关键。2008 年开始，课题组在哈尼梯田 30 多个社区开展了一系列能力建设活动，包括农户及社区意见领袖的培训、参与式调查和访谈、稻种收集、农艺性状与病虫害识别、田间试验示范、农民田间日和生物多样性日活动、社区种子库建设等，有效提高了社区水稻传统品种和稻作文化保护和可持续利用的意识和能力，推动农民认识他们所拥有的水稻品种的价值，也培育农民对其传统知识和稻作文化的认同感和自信心。如田间日活动集中展示了哈尼梯田数十个水稻品种，不仅使得农民认识到他们拥有丰富的稻种多样性、直观地比较各水稻品种间的差异，而且有利于提高农民参与稻种多样性保护和可持续利用的积极性并帮助他们更好地利用社区种子库。

7 政策影响

利用广泛多层的渠道，如通过"两会"、政协调研、政协协商、专题协商、提案办理协商等形式，向云南省委省政府提交调研报告与提案，得到党政职能部门的重视，政府相关职能部门已安排落实 2.15 亿资金用于哈尼梯田的保护。

参 考 文 献

高凯，符禾，2014. 生态智慧视野下的红河哈尼梯田文化景观世界遗产研究 [J]. 云南地理环境研究，23：64-68.

王喆，2011. 哈尼族的梯田稻作农业文化传统 [J]. 住区（3）：83-87.

徐福荣，汤翠凤，余腾琼，等，2010. 中国云南元阳哈尼梯田种植的稻作品种多样性 [J]. 生态学报，30（12）：3346-3357.

严火其，李琦，2008. 自然主义的哈尼稻作及其可持续发展 [J]. 中国农史，27（3）：33-44.

广西常规水稻育种案例

□ 陈传华

1 引言

水稻是近一半世界人口特别是发展中国家的主要粮食作物，是中国第一大粮食作物，中国的水稻常年播种面积在 2 860 万～3 000 万公顷，年产量保持在 2.07 亿吨左右，约占粮食总产量的 40%。广西的水稻种植面积和产量位居全国前列，常年播种面积在 210 万公顷左右，占广西粮食作物播种总面积的 60%。

干旱是困扰农业的世界性难题，是影响水稻生产的主要障碍。全世界范围内，干旱对水稻的影响在所有生物逆境中，仅次于病虫害。近年，随着生态环境不断恶化，天气灾害频繁发生，危害日趋严重。例如，在我国西南 5 省 2010 年春季遭受的特大旱灾中，5 000 多万人受灾，农作物受灾面积近 500 万公顷，其中 40 万公顷良田颗粒无收。在这次旱灾中，广西 78

个县（市）发生不同程度的干旱，特别干旱的县（市）有 5 个，重度干旱的县（市）有 16 个，其中南丹县、凤山县是广西旱灾多发区。所以在农业生产中更迫切地需要应用抗逆性强的品种来抵御干旱等灾害。

广西壮族自治区农业科学院水稻研究所常规优质稻研究室于 2007 年起开展抗旱优质稻的育种工作，如品种的配组杂交、抗旱性初筛、农艺性状选择等，后续还要对材料进行抗旱自然筛选。

位于广西西北部的凤山县金牙瑶族乡上牙村的那莫屯，全屯 43 户 228 人，是纯壮族屯，现有耕地 200 多亩，其中水田 80 多亩，为黄红壤土质。民居和耕地都坐落在海拔 830 米左右的半山腰，年平均气温 19℃，昼夜温差较大但四季温和。那莫屯的主要粮食作物是水稻、玉米，还有红米、小米等杂粮。由于气候、土质等得天独厚的条件，作物生长期长，稻米更香、更韧、更有营养。当地有很多没有灌溉条件的望天田，常年受到干旱的威胁，很适合用来开展抗旱自然筛选。社区伙伴是一家致力恢复人们内心与大自然的联结，实现可持续生活道路和方法为使命的公益组织。2011 年，社区伙伴与广西壮族自治区农业科学院开始第一期合作，在南丹引进水稻研究所培育的桂育 7 号等常规水稻品种。第一期合作试验发现，桂育 7 号等常规水稻品种抗旱能力比杂交水稻强。因此，双方希望开展第二期合作，在凤山将前期获得的抗旱育种材料自然筛选出一些适应当地生态条件的、具有较强耐旱性的水稻品种，以供当地推广应用，提高当地农民抵御干旱灾害的能力。与此同时，邀请农民参与筛选试验，并为其提供提纯复壮等实用技术培训，减少水稻种植成本。

2　行动研究方法和合作伙伴

在凤山农户的稻田中，对水稻研究所前期获得的抗旱育种材料进行自然筛选，项目邀请农民参与选种过程，举办培训班和田间现场交流会，为农民提供选种、提纯复壮等实用的技术培训。

合作伙伴包括广西壮族自治区农业科学院水稻研究所、社区伙伴、凤山县那莫屯队长黄忠永、村民班彩益。

广西壮族自治区农业科学院水稻研究所于 1981 年成立，前身为广西壮族自治区农业科学院粮食作物系、植物作物系和植物生理系，长期从事稻种资源研究、常规水稻与杂交水稻育种、水稻高产栽培及配套技术研究、水稻电脑专家系统的研究与推广、应用生物技术与水稻种质创新。所内有生理生化实验室、标准种子检验室、稻米品质分析实验室、人工气候室及水稻原原种和原种生产基地，形成了品种选育、试验、示范研究与成果开发应用体系。建所以来共培育水稻新品种（组合）104 个，有 13 个品种获国家品种权保护，推广面积累计 3 亿多亩，获各级科技成果奖 86 项，是广西综合实力最强的水稻专业研发机构。

社区伙伴于 2001 年 5 月成立，以恢复人们内心与大自然的联结，探索实现可持续生活的道路和方法为使命。社区伙伴致力推广整体与可持续发展的文化，加强社区自主、参与、合作的精神。合作项目内容包括增强村民参与和调查研究技能、学习本土文化知识、农村善治、生态农业、社区支持农业、志愿工作推广、民间组织及社区小组能力建设等。社区伙伴在云南、贵州、四川、广西、广东及上海、北京、广州等省市开展共 50 个发展项目，除拨款资助社区项目，也以培训、交流资讯、建立网络等手法，回应公义、公正、可持续发展及多元文化等议题。

社区伙伴自 2009 年开始支持那莫屯村发展生态农业，在合理应用科学技术的同时，全力恢复传统的种植养殖技术，恢复与自然和谐的方式。从 2012 年起，村民会议制定制度，禁止使用化肥、农药、除草剂，水稻种植只用畜禽粪肥和绿肥，沿袭传统进行"三犁三耙"和 1～2 次耘田耕作护理，逐步恢复 10 多个传统品种、常规品种种植，走上可持续发展之路。2012 年，社区伙伴与水稻研究所合作开展广西南丹与凤山水稻抗旱品种选育及提供项目，将那莫屯列为项目试验点，重点在队长黄忠永和村民班彩益两家农田进行。

3 参与式选育种取得的成果

对于农户来说，经过 3 年抗旱品种（或品系）筛选工作，筛选出适合当地使用的耐旱性较好的桂育 7 号、桂育 9 号等 3

个常规水稻品种。项目开展前，社区主要种植杂交稻仙优
63、中浙优和大糯等3个品种，小糯2个品种，黑米2个品
种，粳稻2个品种以及旱稻等。项目活动结束后，增加种植
桂育7号、桂育8号、桂育9号等3个品种，这3个品种品
质优秀，都属于软米型品种，米质达到国标一二级水平；产
量高，与杂交稻相当；田间抗性较好，在当地望天田种植的
表现很好，很适合当地使用，提高了当地生态种植水稻的产
量。农户参与选种过程，根据自己的需要选择相关性状，选
出来的品种更能适应当地的生长环境和市场需求。通过参加
育种家组织的耐旱知识培训班，在田间现场学习选种和提纯
复壮技术，参与试验的农户可基本掌握简便的提纯复壮技
能。农户有了这项技能，就能对自家种植的常规稻种有效留
种，保持原有品种优良的种性，有效降低在市场购买稻种的
种稻成本。

对育种单位来说，通过该项目一方面获得一批耐旱性优
良的单株材料，这些材料在当地望天田种植表现为较好的抗
逆性，产量性状指标优良，可作为育种中间材料加以利用；
另一方面，育种者通过与农户交流，弄清了当地农户对品种
的要求。农户需要的品种具有优良的品质：米好看，晶莹
透亮，整米率高；饭好吃，软滑爽口；稻好种，在不施用
化肥和农药的种植条件下仍保持高产，在遇到干旱天气时
减产不明显。这些需求使育种单位的选育种工作目标更加
明确。

4　其他行动研究成果

4.1　延续和保护当地种植习惯，保护当地生态环境

那莫屯农耕技术随着社会发展也历经沧桑。在化学农药铺天盖地兴起的时候，村民曾经跟风效仿，不仅认为化肥农药是提高产量的重要手段，也是一种时尚。许多年后，村民发现土壤越来越硬，越来越贫瘠，越来越难种。田里的小动物和昆虫越来越少，甚至绝迹，而害虫又增多。种粮成本出现种子成本高、化肥农药投入高、犁耙成本高"三高"。更使人不可理解的是，屯里有两三户没有跟风效仿，一直坚持传统方式种植，不用化肥、农药，这些农户的粮食并没有减产，病虫害发生也不多。这些发现使他们明白单靠化肥、农药提高产量是一种单一畸形的农耕技术观，完全效仿并不值得，虽然总体上可有一点增产，但失去的东西更多。经过对比总结，村民改变了单一的农耕技术观，逐步恢复传统耕作方式，逐年减少化肥、农药的使用量。

社区伙伴带入"人与自然和谐共处"的理念后，村民更加坚定了走生态农耕之路的信心，种田不用化肥、农药、除草剂已成为全体村民的共识和行动。在种植过程中，杂交稻种子价格贵，农家种产量较低，农户欲寻求一些产量高、米质好又相对便宜的水稻品种以提高种稻效益，促进当地农业的可持续发展。在参与式选种过程中，育种单位向农户推荐了桂育 7 号、

桂育 9 号等优良常规稻品种作为有机稻品种，提高了当地生态稻产量，同时，田间现场传授选种、提纯复壮简便技术，使农户在种植常规优质稻时能够很好地留种，有效降低了种植成本。种植过程均采用不施化肥、农药的生态种植方式，延续和保护了当地的种植习惯，保护了当地的生态环境。

4.2　扩充当地种子库

保护老品种、实行多品种种植是当地生态农耕技术要点：保护老品种是文化传承的需要，是实现品种多样性的基础，同时也能让农民自己掌握自主权、选择权；多品种种植可增强抗灾能力，降低风险。参与式育种活动扩充了当地的种子库，目前种子库里的水稻品种有 3 个粳米品种、3 个大糯品种、2 个黑米品种、小糯、旱谷、中山红、桂红 1 号、桂育 7 号、桂育9 号；玉米品种有白玉米、黄玉米、白糯玉米；杂粮品种有小米、鸭脚米、甘薯、芋头、南瓜、芝麻、火麻；豆类品种有小黄豆、饭豆（竹豆）等品种。

趋势和要点：
种子持续带来的生机

□ 罗尼·魏努力　宋一青

12 个案例描绘了自 2003 年《种子带来的生机》出版以来参与式作物改良的演变、成果和挑战的全景。在本章，我们首先概述这些案例所反映出来的主要趋势。之后，根据比较分析框架中的关键元素，以方法、工具、伙伴关系、育种成果、其他成果、政策影响等方面，总结这些案例的主要特点。第一版和本书案例中的主要发现列于附表。

1　趋势

依照历时顺序（2003—2019 年）分析所有案例中涌现出的一些主要趋势。

1.1　从试点到推广

- 让更多的农民（包括专业育种家），特别是妇女和社区领导人之外的普通农民参与进来；

- 在育种和种子生产工作中与农民组织合作；

- 应用到了更多的作物，如中国从玉米扩展到水稻、大豆、蔬菜，也包括对于尼泊尔国家农业研究所来说没那么优先的作物（比如高山作物）和中国西南地区面向小众市场消费者的高附加值的有机蔬菜；

- 面积增加了（以公顷数计算），扩展到了更多的省份和不同的地理区域（有利和不利的环境）；

- 根据社会经济和气候变化带来的新需求，增加试验育种设计和过程的复杂度；

- 通过使用农家种和现代品种，并根据当地出现的新需求，以不同的方式杂交；

- 被社会组织、各级政府部门以及国际性、区域性（如东南亚）、全国性网络（如中国的农民种子网络）所采纳；

- 被纳入农民田间学校培训（如津巴布韦）和大学能力发展培训课程。

1.2　方法的创新

- 按需供种：国际生物多样性中心与合作伙伴在几个国家开展针对参与式品种选择的众包式公众科学研究。在埃塞俄比亚，通过与荷兰瓦格宁根大学发展创新中心所管理的综合种子部门项目，目前有 3 万多农民参与；

- 在若干个国家开展进化育种试点（如国际农业发展基金支持的新项目）；

- 在整个育种周期内开展长期合作。

1.3　从作物育种转变为整体和动态的种子系统发展研究的方式

- 与种子生产、销售的联系；
- 与作物多样性保护与可持续利用的联系；
- 以合作社为基础，提升种子生产和传播的能力；
- 妇女赋能，通常以团体形式参与种子选择、生产和传播。

1.4　通过以下方式从作物改良转变为生计的整体和动态发展

- 关注营养和健康，如弱势群体的营养需求（西非的案例）；
- 更多地考虑与食物加工和减少粮食损失有关的性状；
- 建立城市消费者和餐厅的联系，如社区支持农业项目；
- 农业生态学的管理实践和食物运动的互补性（如中国西南地区、欧洲）。

1.5　超越育种过程的农民赋能和对妇女权益的显著改善

- 如妇女在研究和育种方面的决策已经涉及作物种植、销售，乃至社区领导力；
- 具体落实认可农民的种子权利，为实现食物权做出重大贡献。

1.6　建立更强有力的联系以促进政策变革

- 建设国家级的协会（洪都拉斯、尼泊尔、越南、津巴布韦）；

- 将指定研究地点作为良好实践的示范案例。例如，中国云南哈尼梯田作为全球重要农业遗产地（由联合国粮食及农业组织推广），是集丰富的农业生物多样性、恢复力强的生态系统、宝贵的文化遗产于一体的杰出美学景观。中国广西古寨因其新颖的循环农业和有机农业而闻名；

- 全国性的或区域性的网络（中国、欧洲、东南亚）；

- 直接游说（欧洲、东南亚）；

- 都面临相似的政策和法律瓶颈，如不允许农民生产和销售种子；

- 虽然为支持参与式作物改良创造了一些政策空间，如尼泊尔新的更灵活的农家种登记程序，欧洲理事会限时允许使用和销售 4 种作物的进化种群。

2　要点

2.1　方法和工具

所有案例都将参与式选种和参与式育种结合起来，近来引入的众包式公众科学方法和进化育种在一些国家成为主要的创新方法。中国和尼泊尔的基层育种变得更有力，通过选种过程强化了地方品种，以促进作物遗传资源的保护与可持续利用。在东南亚国家和津巴布韦，农民田间学校已经发展成为保证连

续性和可持续性的重要手段。在西非，育种家与农民一起制定
了确定优先事项的新方法——改良种群的轮回选择，使用本地
品种共同培育了 BC1F1 种群（中国、西非）。所有形式的参与
式作物改良都越来越多地通过社区种子库与当地的种子保存工
作联系在一起，越来越多地与农民合作社或种子企业一起投入
到种子的生产和传播（中国、欧洲、尼泊尔、中东、西非、津
巴布韦）。

2.2　伙伴关系

所有案例都建立了更广泛、更强大的合作伙伴关系，为该
领域带来了具有差异但互补的知识和技能。已经出现一些制度
化的现象（中国、中东、洪都拉斯、西非、津巴布韦），但也
许没有预期的那么强烈。国际组织的资金、技术、协调依然重
要，但总体而言，国际农业研究磋商组织的各个研究中心作为
参与式育种倡导者的作用已经削弱了很多。一些区域网络也出
现了，但缺乏力度。中国成立了一个全国性的农民种子网络，
是一个多利益相关者的交流平台，推进关于农民种子系统的研
究、能力建设和政策制定。这是一项基于二十年来对乡村可持
续发展、参与式育种和农业生物多样性保护与可持续利用承诺
重大成就。因为高成本运作、有限的资金支持、组织领导力缺
乏，目前还没有一个全球性的网络出现。

2.3　育种成果

数以千计的农民改进并采用许多不同的作物品种。已经

实现了与多种因素相关的适应性，包括气候变化，这在全球范围内越来越成为一个制约因素。例如，在西非，形成了一系列改良的高粱品种，这些品种具有以下所需的特征：在地力差和农民缺少投入管理条件下，降低了风险，提高了产量；改进了储存和加工水平；提高了营养水平，特别是加强了妇女和儿童的营养。

一些参与式选育的品种已在全国或地方一级正式注册和发布，如中国、洪都拉斯、尼泊尔、菲律宾、越南、津巴布韦。通过基层育种，农家种和地方品种正得到改良、推广，如尼泊尔的水稻、豆类、黍子、苋菜。同样地，津巴布韦正在恢复玉米（garabha）、珍珠小米（nyati）、高粱（gokwe 及 cimezela）和花生（kasawaya）5 个农家种，取得不错的进展。

2.4　其他成果

农民，特别是妇女，已经提升了引领作物试验过程的能力，成为更好的作物和种子生产者、种子守护者、种子企业家，可以做出更好的生计决定。由于更容易获得适合当地的优质种子，生产率提高了。它还带来了新的创收机会，例如越南的种子俱乐部、尼泊尔的社区种子企业、有机农业和健康食物（中国、尼泊尔、欧洲），以及中国的多功能农民合作社。2016年，津巴布韦冠军农民种子合作社成立，使当地的种子系统得到强化：更丰富的种子多样性、更优质的种子、更可观的数量、改进的获取方式。仅在东南亚地区就有 500 多名发展协作者成为参与式选育种的推动者。年轻一代的育种家和农业研究人员也加入了这一队伍（如中国）。

2.5　政策影响

洪都拉斯的许多农业机构都支持和接受区域审定的品种，只有一家机构除外，这家机构控制了国家品种发布、登记和认证。阿尔及利亚和约旦的国家农业研究中心、津巴布韦的国家农业项目、中国的一些研究组织，都吸纳了参与式育种。尼泊尔的农民在品种发布和登记委员会中有发言权。在一些国家，参与式选育种品种已由国家当局登记和发布。

法律方面，尼泊尔的品种发布和登记格式已被接受，有一些规定保障使用参与式方法收集的数据能够被接受。中国新修订实施的《种子法》为农民权益提供了一定程度的法律保护。越南的国家认证体系为接受农民培育的品种创造了空间。老挝的省级认证也已获得批准。菲律宾颁布了支持农民育种的地方条例，如阿拉坎市（Arakan）的《可持续农业法案》和保和市（Bohol）的社区种子登记，以保护农家品种不被盗用。2021年12月31日前，在欧盟国家可以合法地使用和销售小麦、玉米、水稻和燕麦的进化种群。此外，中国云南省政府已同意为保护哈尼水稻梯田提供资金和技术支持，包括云南农业大学牵头的参与式选育种工作。

最后，非常重要的一点是，参与式育种已被确认为有助于实现《粮食和农业植物遗传资源国际条约》第9条关于农民权利的规定。

附录

参与式选育种项目的关键成果

国家（地区）	方法和工具	伙伴关系	育种成果	其他成果	政策影响
洪都拉斯	参与式选种、参与式育种、与社区种子库协同应用	地方农业研究小组、参与式研究基金会、农村复兴项目、泛美农业学校、加拿大圭尔夫大学	持续进行中的豆类品种改良；一个参与式育种豆类品种（Macuzalito）的炼豆品系在萨尔瓦多发布	农民提升了改善生计的能力；妇女能力得到提升	非常有限，只有一些机构支持地方审定品种
中东地区	参与式选种、参与式育种、进化育种	叙利亚、约旦、厄立特里亚、也门、摩洛哥、突尼斯和阿尔及利亚的农业部、伊朗的社会组织、埃及的沙漠研究所	32个品种被5个国家的农民改良和采用	农民制种和销售、女能力得到提升	参与式育种被阿尔及利亚和约旦的国家农业研究和推广机构吸纳
尼泊尔	基层育种、用于社区种子库的参与式育种和基层育种	本地社区、国家作物改良项目、国家农业研究和推广中心、国家基因库、国际生物多样性中心	一些参与式育种品种得到注册和发布；地方品种得到改良；本地的子库制种和销售；当地种子系统得到强化	农民合作社、农业发展与保护协会、社区种子库护协会	农民进入种业发布和注册委员会、参与式种品种在国家种子协会注册、品种发放和登记表根据参与式研究成果得到修订

202

（续）

国家（地区）	方法和工具	伙伴关系	育种成果	其他成果	政策影响
西非	参与式选种、参与式育种、群体选择、种子轮回选择；获得后的评估和感官鉴定；农民种子合作社	马里的种子生产合作社和粮食加工协会、布基纳法索其他机构、国际半干旱热带作物研究所、法国国际农业发展研究中心、马里农村经济研究所、布基纳法索农业环境研究所	改良的高粱品种组合；农业生物多样性保护和利用	农民能力提升、探索了销售种子的新方法、发展合作社	促进与食物安全和营养有关的政策；气候变化适应性、恢复力、性别平等和农民权益等议题得到关注
东南亚	参与式选种、参与式育种；农民田间学校	不丹、柬埔寨、老挝、越南的国家农业推广机构、缅甸的梅德发展基金会（Hug Muang Nan）、泰国的发展基金会、东帝汶的农业生物多样性行动组织、菲律宾的地方政府部门	各种改良的作物种；在全国或地方层面发布了一些参与式育种品种	农民和妇女能力提升、发展工作者成为参与式育种协作者、农民与公共育种机构合作、参与式育种小组一些参与式育种品种出现、粮食产量、食物安全问题得到改善	越南的国家品种审定系统接受了农法培育的品种；老挝在省级接纳了农民培育品种；出现了一些保障农民培育品种的地方条例
津巴布韦	参与式选种、参与式育种、种子育种、通过农民田间学校与社区种子库协同	农民田间学校；国家作物研究中心、国家农业推广服务中心、国家基因库、国际玉米和小麦改良中心、国际半干旱热带作物研究所、国际热带农业研究中心、地方政府和社区、荷兰乐施会	改良了一系列品种；恢复了5个农民欢迎的品种；通过国家作物品种中心发布了2个参与式育种小米品种（PMV4，PMV5）	由需求驱动的作物育种、农民和妇女能力提升、性别与种子意识提升、农民制种和销售、成立冠军种子合作社企业	参与式选育被纳入国家农业项目；参与式选育成为国家推动主体的农业、推动农民制种和销售模式的政策和法律倡导工具

（续）

国家（地区）	方法和工具	伙伴关系	育种成果	其他成果	政策影响
中国西南地区	参与式选种、参与式育种、基层育种、与社区种子库协同应用；农民掌握育种技术和制种技术	农民小组、中国农业科学院、广西壮族自治区农业科学院玉米研究所、农民种子网络	在当地发布了12个农民喜爱的品种；改良了5个国际玉米和八宝红米中心的玉米品种；改良了30个地方品种；注册了杂交糯玉米品种并制种；农家种保护和改良	成立多功能合作社；妇女能力提升；农业能手、育种能手和种子企业经营家	参与式育种被一些研究机构制度化和规范化；成立了全国性平台；组织一农民种子网络；新修订的《种子法》一定程度上保护了农民的种子权益
广西凤山	参与式选种、耐旱水稻品种的轮回选择、和当地农民一起选出 BC1F1 群体	农民小组、中国科学院农业政策研究中心、社区伙伴、广西壮族自治区农业科学院水稻研究所	耐旱水稻品种；地方品种保护和发展生态农业	需求驱动的参与式育种、妇女和社区能力提升、地方品种和传统知识被科学家认可	参与式选种和社区为基础的研究被主流的水稻育种项目认可；学术意义上的育种策略发生了一些改变
广西上古拉屯	社区为基础的参与式育种和参与式选种、强化的地方品种和种子生产、与社区种子库协同；妇女领导型参与式育种和有机蔬菜种植	妇女小组和本地地区；广西壮族自治区农业科学院玉米研究所、中国农业科学院农业政策研究中心、中国农业科学院、农民种子网络	中国杰出的参与式育种社区；培育出10个参与式育种品种，包括1个参与式育种杂种	中国第一个农民主导的参与式育种、妇女能力提升、科学家和决策者意识改变，第一个由科学家和农民签订的惠益分享协议	妇女领导力和当地政策影响力提升；广西第一个种植养殖结合与有机农业示范点；经验成果向外传播（云南丽江的石头城村）

（续）

国家（地区）	方法和工具	伙伴关系	育种成果	其他成果	政策影响
云南哈尼梯田	参与式选种、抗病虫害和耐旱水稻品种；BC1F1群体；轮回选择；在地保护性培训；农家种的实验室分析	社区、妇女小组、地方政府、农业推广机构、云南农业大学、中国科学院农业政策研究中心、国际生物多样性中心	改良了水稻品种；强化农业生物多样性保护和农民育种系统	农民和当地推广人员能力提升，农民采用新的种子管理实践并与正规种子部门合作	产生省级的政策影响（支持全球重要农业文化遗产地），参与式育种和社区种子库被纳入大学的培训课程
云南石头城村	社区为基础的参与式选种和参与式种子库种；与社区种子库相联系的基层育种；妇女主导的参与式种子生产	本地社区、妇女小组、广西壮族自治区农业科学院玉米研究所、中国科学院农业政策研究中心、中国农业科学院、农民种子网络	选择出了很多具有适应性的大豆和玉米品种；玉米杂交品种的生产和分发；建立第一个农民管理的社区种子库	社区为基础的农民种子系统得到强化，妇女能力得到强化、性别和种子保护意识提高、农民成立合作社发展生态种植对接城市市场	成为丽江当地的政策示范案例；政策示范案例扩展成立纳西四村网络；与国际网络开展经验交流

致谢

　　本书的编写和出版是在新型冠状病毒肺炎大流行的困难时期完成的。我们感谢所有人的辛勤工作，他们付出的时间和精力保证了本书中英文版得以顺利出版。

　　我们感谢所有参与和支持参与式选育种工作的先行者，包括科学家、农业推广人员、农户与政策制定者，以及为本书撰写案例的40多位作者和案例所在地的农户。感谢中国农业科学院的张世煌研究员长期以来对中国参与式选育种团队的支持。感谢中国科学院西双版纳热带植物园的杨永平研究员为本书作序。程伟东、高世斌、张艳萍、何平、张啸、谢和霞等专家学者对本书提出了宝贵建议，刘源女士、洪力维先生为出版工作提供了诸多建议与支持，洪蓓女士译校了本书中文文稿，李管奇、罗尼·魏努力校对了英文文稿，在此一并表示感谢。感谢中国农业出版社孙鸣凤编辑的细致工作和支持！

　　感谢乐施会（香港）北京办事处为本书出版给予资金

支持。农民种子网络、广西壮族自治区农业科学院玉米研究所与联合国环境规划署-国际生态系统管理伙伴计划（UNEP-IEMP）等机构为本书出版提供了大量协调工作，在此特别致谢。我们感谢本书提到的所有具名的农户和他们在参与式发展研究中所发挥的作用。本书案例作者安佳·克里斯廷克（Anja Christinck）于2022年8月19日去世，我们深感悲痛，谨以本书作为纪念。